长大以后探索前沿科技
编 委 会

主 编　褚建勋

副主编　孙立广　汤书昆

编委 (以姓名拼音为序)

陈思佳　陈昕悦　褚建勋　范　琼

方玉婵　华　蕾　黄婧晔　黄　雯

黄晓宇　梁　琰　孙立广　汤书昆

王晨阳　王适文　王伊扬　王玉蕾

王　喆　席　正　熊鹤洁　蔚雅璇

赵静雅　周荣庭　朱松松　朱雨琪

长大以后种太阳

面向未来的核聚变新能源

褚建勋　陈思佳　编著

中国科学技术大学出版社

内容简介

本书是一本面向青少年讲述核聚变理论知识及应用研究成果的科普图书，以通俗易懂的语言、生动形象的插画介绍了核聚变的基本原理、开发核聚变能源的途径及进展、核聚变研究对社会生活的重大意义。

图书在版编目（CIP）数据

长大以后种太阳：面向未来的核聚变新能源 / 褚建勋，陈思佳编著 .—合肥：中国科学技术大学出版社，2023.4
（长大以后探索前沿科技）
ISBN 978-7-312-04926-2

Ⅰ. 长⋯ Ⅱ. ①褚⋯ ②陈⋯ Ⅲ. 热核聚变—少儿读物 Ⅳ. TL64-49

中国版本图书馆 CIP 数据核字（2020）第 104609 号

长大以后种太阳：面向未来的核聚变新能源
ZHANGDA YIHOU ZHONG TAIYANG: MIANXIANG WEILAI DE HE JUBIAN XIN NENGYUAN

出版	中国科学技术大学出版社
	安徽省合肥市金寨路 96 号，230026
	http://press.ustc.edu.cn
	https://zgkxjsdxcbs.tmall.com
印刷	合肥华云印务有限责任公司
发行	中国科学技术大学出版社
开本	710 mm × 1000 mm　1/16
印张	10.5
字数	92 千
版次	2023 年 4 月第 1 版
印次	2023 年 4 月第 1 次印刷
定价	48.00 元

人物简介

爷 爷

60 岁，科科和阳阳的爷爷，K 大物理学教授，善良、沉稳、有耐心，是位学识渊博的物理学家。

科 科

15 岁，阳阳的哥哥，聪明、善学，是一名成绩优异的初中生。

阳 阳

10 岁，聪明好动，勇于冒险，喜欢看书，是一名热爱科学、善于思考的小学生。

前 言

"我有一个美丽的愿望，长大以后能播种太阳。"太阳的能量是地球上的人类赖以生存的基础，太阳光到达地球，转化成为不同形式的能量：风能、水能、化学能……可以说地球上几乎所有的能量都和太阳有关。

今天，随着科技的发展，人类对能源的需求不断增长。太阳的能量如此巨大，如果在地球上种下一个太阳，会不会为我们带来用之不竭的能源呢？于是科学家们想到了模拟太阳内部的核聚变来创造一个"人造太阳"。

在本书中，你将跟随科科、阳阳兄弟和 K 大的教授爷爷一起开启一段奇妙的科普之旅，穿过微观粒子的世界，推开通往核聚变实验装置的大门，共同探寻"人造太阳"的秘密。这是你的梦想，也是我们的梦想……

目　录

为什么要"种太阳"：能源的重要地位

又是一个天气晴朗的周末，爷爷、科科和阳阳决定一起去附近的公园散步。面对这明媚的阳光、茂密的树叶，爷爷情不自禁地发出感叹："看这些植物长得多好，万物生长靠太阳啊！"阳阳听到这话有点不理解，问道："爷爷，难道是太阳让这些树长大的吗？"科科笑着对弟弟阳阳说："不仅这些树木，连我们人都是靠太阳的能量生活的呢。"阳阳不禁思考：太阳到底如何为地球上的生物提供能量呢？

1

万物生长靠太阳

爷　爷：我们人类所需的绝大部分能量都直接或间接地来自太阳。为我们提供呼吸所需氧气的植物，包括我们吃的蔬菜，都必须吸收太阳的能量才能发芽、长大。

阳　阳：可是太阳离我们那么远，怎么给植物输送能量？

爷　爷：通过阳光呀！就是现在照射在我们身上让我们感觉到温暖的阳光。植物的叶片细胞里有叶绿体，它们能吸收并利用阳光，然后产生植物长大所需要的营养物质，还能释放出氧气。

阳　阳：原来我们吃的食物是靠太阳生长的。

爷　爷：不仅我们吃的东西，我们生活中用的电、石油制品等都从太阳那里获得了能量。

阳　阳：这是为什么呀？电和石油也和植物有关系吗？

爷　爷：对，你知道我们用的电是怎么产生的吗？

阳　阳：这个我知道，可以用煤炭发电！

爷　爷：哈哈，对啦！虽然有很多种方式可以发电，但是煤炭发电是目前全世界最重要的发电方式之一。煤炭就是千百万年前陆地植物的枝叶与根茎因为地壳变动被埋在地下，长期与空气隔绝，经过一系列复杂的变化形成的。石油则是古代海洋或湖泊中的生物经过类似的变化形成的。这些都是由古代生物固定下来的太阳能。

科　科：其实太阳能还能被我们人类直接利用。咱们家里的太阳能热水器就能直接帮我们加热水，不需要用电或者煤炭。

爷　爷：是的。人类的生活离不开能源，你们知道除了太阳能，我们还有哪些能源可以利用吗？

科　科：还有风能、潮汐能、生物质能……

爷　爷：这三种能源我们用得也很多，但其实它们也都和太阳能有很大关系。

阳　阳：风也和太阳有关系吗？

爷　爷：风是由空气运动产生的。地球上每个地方接受太阳辐射的强度不同，空气的温度就会产生差异。像赤道这种太阳辐射强的地方空气温度很高，反过来，北极的空气温度就会很低。这种温差推动大气进行对流运动，就形成了风。所以风能和太阳能有密切的关系。

科　科：那潮汐能呢？

爷　爷：潮汐能指的是海水水面在白天和黑夜的涨落中获得的能量。那么潮涨潮落是如何发生的呢？就是因为海洋表面受到了太阳和月球的万有引力的作用。

科　科：我上课听老师讲解过生物质能，其实就是太阳能以化学能形式贮存在动植物、微生物等生物质中的能量形式，它直接或间接地来源于绿色植物的光合作用，比如可以从农林废弃物、生活垃圾和家禽粪便中获得，可以转化为常规的固态、液态和气态燃料，现在我们已经有生物柴油、生物乙醇了。

爷　爷：这样看来，太阳对地球来说是不是非常重要呢?

阳　阳：地球上的万物真的都离不开太阳呢!

考考你

风是由什么物质运动产生的?

A. 空气　　B. 阳光

C. 辐射　　D. 温度

2
地球运转靠能量

爷　爷：刚刚咱们说了这么多种能量，那你们知道能量分为哪几大类吗？

阳　阳：爷爷，每种能量都不一样，为什么还要分类呢？

爷　爷：这是因为有些能量之间也有共同点！

阳　阳：那风能和潮汐能也有共同点？

爷　爷：是啊，它们的共同点就是，我们人类用不完。比如风，你会说哪天我们发电把风用完了，地球上再也没有风了吗？

阳　阳：风怎么能用完呢？就像空气一样，我吸了一口，马上就有其他空气补上了！

爷　爷：哈哈哈，阳阳说得很正确，所以风能就是可再生能源。

科　科：可再生能源就是指那些能够不断得到补充供使用的能源。

阳　阳：那就是还有不可再生能源？

爷　爷：是的。那些经过漫长的地质年代才形成的，而无法在短期内再生的能源就是不可再生能源，还记得我们前面讲的石油、煤炭吗？它们用一点就会少一点。

科　科：爷爷，我知道能源还可以分为一次能源和二次能源。一次能源就是指在自然界中现成存在、没有经过加工或转换的能源，如煤炭、石油、天然气、水能、风能和太阳能等。而二次能源是由一次能源经过加工、转换的能源，如电力、煤气、石油制品等。

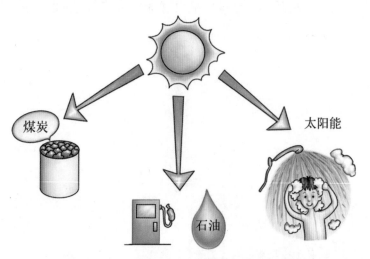

爷　爷：阳阳，听了哥哥的讲解有没有长知识啊？

阳　阳：嗯！今天我才知道原来太阳、风、煤炭里有这么多道理呢！

爷　爷：是啊，如果没有了能源，我们的汽车就不能跑了，电灯就不会亮了，工厂也要停工了。所以地球上每个国家的社会发展都要靠能源来推动。可是现在世界上主要使用的煤炭、石油、天然气这些不可再生能源总有一天会被用完。

阳 阳：我们还可以用太阳能、风能这些可再生能源啊！

科 科：但这些能源会受到天气条件、地理位置等因素的影响。你想一下，如果今天下雨，我们晚上还能用太阳能热水器里的热水洗澡吗？

阳 阳：说得对，那现在有什么办法吗？我们有没有发现一种既不受环境影响，又能持续使用的能源呢？

爷 爷：想知道吗？我们明天接着说！

考考你

以下哪种是可再生能源？

A. 潮汐能　B. 石油

C. 煤炭　　D. 天然气

"种太阳"
的种子是什么:
理解核聚变的
知识基础

电视正在播报台风已经登陆本市的新闻，请广大市民做好应对准备，并且提醒大家部分地区可能会出现暂时性断电的情况。看到电视里那些被台风刮断的树枝横躺在地面上、部分村庄被洪水淹没的景象，阳阳不禁想起了哥哥以前告诉过他的话：大自然威力无穷，人类很难完全不受限制地利用风能和水能。突然，电视画面消失了，客厅也陷入一片黑暗之中，只剩外面哗哗的暴雨声。爷爷点起了一支蜡烛，让阳阳和科科坐到一起，并说道："电对我们多重要啊，除了我们昨天说的煤炭发电，其实现在很多国家还有一种重要的发电方式，它也是人类解决未来能源问题的希望所在。"阳阳很感兴趣地问道："那是什么？"爷爷给出了答案："核能。"

1

比沙粒
还小的宝藏

阳 阳：核能？那是什么？

爷 爷：核能就是从一个非常微小的原子核里面释放出的能量。

阳 阳：原子核？我好像没有见过这个东西……

科　科：哈哈，你当然看不见啦，因为它太小了，人类的眼睛是看不见的。

阳　阳：比一粒沙子还小吗？

爷　爷：比世界上最细的沙粒还小得多呢！要说原子核，我们就要从身边最常见的物质说起啦！

2 物质的微观结构及性质

爷　爷：物质是什么呢？任何具有质量和体积的东西都是物质。我们生活中的所有东西都可以称为物质。河流里的水、天上的云，还有我们看不见的空气都叫物质。

阳　阳：这样说，人类、植物、动物也都是物质了。

爷　爷：不错。那宇宙中的这些物质是由什么组成的呢？在我们的世界中，很多物质都是由分子构成的。

科　科：分子是物质中能够独立存在的相对稳定并保持该物质化学特性的最小单元。

阳　阳：哥哥，你说的这句话是什么意思？什么是最小单元？

科　科：这个意思呢，就是说物质分为分子之后，我们还可以发现组成分子的更小的东西。但是，分子和它所组成的物质有很多特点是相同的，如果再细分就不一定了。

爷　爷：我们举个最简单的例子吧，大自然中最常见的水是一种物质，而它就是由水分子组成的。水分子可以保持水特有的一些性质。

阳　阳：我可以看到水分子吗？

科　科：水分子的直径是 4×10^{-10} 米，也就是 0.4 纳米，这是我们肉眼完全无法看见的。

阳　阳：我们上课的时候已经学过分米、厘米，但还没有讲到纳米呢！

科　科：纳米也是一种长度单位，1 厘米已经很短了吧，但它的长度是 1 纳米的 10000000 倍。

爷　爷：咱们的一根头发丝儿直径一般是 0.005 厘米，也就是说，把一根头发丝儿劈成 50000 根，每一根大概宽 1 纳米。但是这样还是水分子直径的两倍多呢。

阳　阳：天呐！比我的头发还要细这么多，怪不得人类看不见呢。

爷　爷：虽然分子的微小尺寸已经超出人类视觉的观察范

围了，但是分子结构中还是别有奥秘的。也就是说，分子还能再细分。

阳　阳：分子已经这么小了，人们能发现已经很不容易了，又如何发现更小的结构呢？

爷　爷：这就要靠科学家们的敏锐观察力了！19 世纪初，法国化学家普鲁斯特和英国化学家、物理学家道尔顿相继发现，化学反应的原料消耗量有固定的比例关系。咱们还拿水举例，两升氢气和一升氧气能恰好合成水，如果比例不同的话，肯定有剩余的氢气或氧气。

阳　阳：这说明……1 个水分子里肯定有 2 个氢和 1 个氧！

科　科：哈哈，你说得对，但也不对！

阳　阳：怎么能又对又错呢？

爷　爷：因为你说的"2"和"1"是对的，但是没有"2 个氢"和"1 个氧"这种说法。准确地说，是 1 个水分子里有 2 个氢原子和 1 个氧原子。

阳　阳：所以，分子是由原子构成的？

爷　爷：1807 年，咱们前面提到的英国科学家道尔顿提出原子假说。到 1908 年，由计算验证的观测实验证明了原子真实存在。

阳　阳：为什么要叫"原子"呢？

爷　爷：这个……爷爷倒真没想过。"原子"的名字怎么来的呢？

科　科：爷爷，"原子"这个词来源于希腊文。公元前 4 世纪，古希腊的哲学家德谟克利特把构成物质的最小基元叫作"原子"，意为"不可分割的东西"。

爷　爷：原来如此啊，看来爷爷今天也长知识了，哈哈！

考考你

1 个水分子是由 1 个氧原子和几个氢原子组成的？

A.1 个　B.2 个　C.3 个　D.4 个

3
原子世界长啥样

阳　阳：既然原子有"不可分割"的意思，那原子的结构应该不能再拆分了吧？

爷　爷：在道尔顿的原子学说提出以后，很长一段时间内人们的确认为原子像实心玻璃球那样，再也不可分割了。

阳　阳：那后来呢？

爷　爷：后来在 1897 年，英国一位物理学家汤姆孙在研究阴极射线的过程中，发现了原子中电子的存在。

阳　阳：电子是带电的吗？

爷　爷：是的，汤姆孙根据电子在磁场中的运动轨迹测出电子是带负电的。但是原子是呈中性的。这说明电子只是原子的组成元素，原子内部还有结构，而且应该带有正电荷，这样才能和电子所带的负电荷中和。

科　科：还有一方面原因，汤姆孙测出了电子的质量。然而，他发现质量最小的原子的质量是带负电的电子的质量的 1000 倍，这也说明了原子内部还有其他结构。

阳　阳：那原子内部结构到底是什么样的呢？

爷　爷：有时候科学也需要想象力。根据这些原理和猜想，物理学家大胆假想，纷纷提出了各种原子模型。第一个就是汤姆孙提出的"葡萄干蛋糕"模型。

科　科：哈哈哈，爷爷，您说的是真的吗？我觉得这个名字听起来不够"科学"。

爷　爷：虽然这个名字听起来很生活化，但是很形象。这个模型认为，原子中的正电荷均匀地分布在整个原子的球体中，电子则均匀地分布在这些正电荷之间，就像葡萄干蛋糕一样。

阳　阳：我觉得这个模型很好玩，而且我一听就知道原子长什么样子了。

爷　爷：所以，有时候科学不一定必须非常深奥。能用身边的东西解释清楚科学原理，让普通人都能理解，才是真正阐释了科学的意义。

阳　阳：那原子结构真的像一块蛋糕那样吗？

爷　爷：科学的另一重要表现就是在不断推翻前人的结论中进步。接下来，我们要介绍另一位科学家了。他叫卢瑟福，是汤姆孙招收的第一位来自海外的研究生。

阳　阳：这位科学家有什么新发现吗？

爷　爷：卢瑟福是位勤奋好学的学生，他做了一个实验，

用 α 粒子轰击金箔，发现粒子在原子中的运动没有受到任何阻碍，这说明原子是中空的！还记得前面那个"葡萄干蛋糕"模型是怎么描述原子内部的吗？

科　科：正电荷和电子是均匀分布在原子内部的。也就是说，原子这个实心的小球里应该挤满了正电荷和电子！

爷　爷：没错！所以卢瑟福否定了"葡萄干蛋糕"模型的可能性。他经过思考之后提出了原子结构的"太阳系模型"，又被称为"行星模型"。

阳　阳：这个模型是什么样的呢？

爷　爷：这个模型认为，原子是由带正电的、质量很集中的、很小的原子核和核外运动着的、带负电的电子组成的，和行星围绕太阳运转是一样的原理。

阳　阳：那卢瑟福的猜想正确吗？

爷　爷：他的这一猜想基本形式是正确的。但后来科学家有了新发现，对他的理论进行了修正。一位来自丹麦名叫玻尔的年轻人，在卢瑟福模型的基础上提出了一种新模型，这个模型被称为"玻尔原子模型"，它认为电子在一些特定的可能轨道上绕核做圆周运动，离核愈远能量愈高；当电子在这些可能的轨道上运动时，原子不发射也不吸收能量，只有当电子从一个轨道跃迁到另一个轨道时，原子才发射或吸收能量。玻尔的理论成功地解决了卢瑟福的"太阳系模型"原子结构不够稳定的问题。

阳　阳：这位科学家的猜想其实是根据卢瑟福的猜想得出的，对吗？

爷　爷：可以这么说，所以科学其实是"站在巨人的肩膀上摘苹果"。1926 年，奥地利学者薛定谔又提出了"电子云模型"，认为电子在原子核外很小的空间内做高速运动，其运行没有固定的轨道可循。电子云是描述核外电子出现的可能性大小的形象化图像。至此形成了现代科学对原子的基本认知。

阳　阳：所以原子是由原子核和电子组成的！还有科学家对这两种物质的结构有新发现吗？

爷　爷：还是卢瑟福，他进一步通过实验证明了原子核是由更小的质子组成的，还预言了中子的存在。后来他的学生查德威克通过实验证明了中子的存在。

阳　阳：原来物质的结构这么神奇！这些成果是各个时

代的科学家努力的结果，看来科学研究真是不容易啊！

爷　爷：是啊！虽然原子内部结构被发现、被不断推翻重建只是几十年间的事，但这段时间的认知成果超越了历史上几千年的研究水平。从科学家们坚持不懈的探索中我们也可以发现，探索真理的道路并不是一帆风顺的，人类对事物本质的认识正是这样一步步积累而来的！

考考你

以下哪项是原子的直接组成部分？

A. 分子　B. 原子核　C. 中子　D. 质子

台风过后的早晨，经过一夜暴雨的冲刷，空气里弥漫着湿气。爷爷、科科和阳阳正坐在餐桌边吃早饭。爷爷端起杯子喝了一口水，阳阳看到了，想起了昨天学的物质的结构，眨眨眼和爷爷说："爷爷，现在有很多个水分子进入你的身体了。"爷爷一愣，然后立刻反应过来，哈哈大笑道："阳阳，看来昨天的知识你理解得很好啊！"阳阳有一点点小得意："那当然啦，我也可以说这杯水里有很多氢原子和氧原子。"爷爷说道："不错！但你还记得我们为什么要介绍物质的结构吗？"阳阳："我们之前在说各种能量……"爷爷："所以，我们学习物质的结构是为了介绍核能，而学习核能必须先知道它是如何产生的！"

4

探秘原子核内部

阳　阳：那核能是怎样产生的呢？

爷　爷：核能其实就是核力，一种存在于原子核之中的力。

阳　阳：原子核这么微小的结构中还存在力吗？

爷　爷：可别小看这个微不足道的原子核！前面我们说到
　　　　科学家们接受了解释原子结构的质子-中子模型，
　　　　但又发现了一个新问题。

阳　阳：什么新问题？

爷　爷：原子的直径大概只有 1×10^{-15} 米，这是人类肉眼
　　　　根本无法观察到的极度狭小的空间。但是在这里
　　　　面挤满了质子与中子。质子带正电，应该是相互
　　　　排斥的。这样的原子核应该是不稳定的。

阳　阳：那原子核内部到底是什么样的状况？

爷　爷：原子核中，质子紧密地结合在一起，并没有飞散
　　　　开来。

阳　阳：那这是为什么呢？

爷　爷：这正是科学家们试图解决的问题。当时，物理学
　　　　界已经知道了万有引力和电磁力的存在，但这无
　　　　法解释原子核内的现象。

科　科：的确，万有引力是指物体间的一种相互作用力。
　　　　这个力的大小与两个物体的质量成正比，与它们
　　　　之间的距离的平方成反比。而质子体积太小，质
　　　　量也太小，不可能产生很大的束缚力。

阳　阳：电磁力也无法解释吗？

科　科：电磁力指电荷在电磁场中所受的力。质子均带正

电，正如前面所说应该是相互排斥的。

爷　爷：所以科学家们大胆猜想，在原子核中存在另外
　　　　一种力，控制质子不向四周分散，人们称之为
　　　　"核力"。

阳　阳：核力和核能有什么关系呢？

爷　爷：科学家们认识到，把核子，也就是质子和中子
　　　　"绑"在一起的能量非常巨大，因此原子核内
　　　　部肯定聚集着巨大能量。这就让人们产生了开
　　　　发核能的想法。

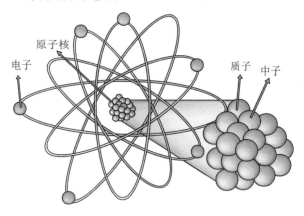

考考你

质子呈什么电性？

A. 正电　　　B. 负电

C. 电中性　　　D. 有的带正电，有的带负电

5
挖掘原子深处的核能

爷 爷： 具体发现核能的存在的过程中，科学家们也是历经了一番周折的。科学家们在研究核力的时候，对核子的质量进行了测量，发现原子核结合前后核子的质量相差很大。例如，氦核是由 2 个中子和 2 个质子组成的，这 4 个核子的质量相加有 4.032980 原子质量单位。但氦核的质量经测量为 4.002602 原子质量单位。

阳 阳： 原子质量单位是什么意思？

科 科： 因为微观粒子的质量实在太小了，用正常的质量单位无法衡量，所以科学界规定碳 -12 原子质量的 1/12 为一个原子质量单位。

阳 阳： 哦，原来和克、千克起的是同一个作用呀！那核子前后质量不一样又说明了什么呢？

爷 爷： 原子核也就是核子紧紧"挤"在一起时，产生了这种"质量亏损"的现象。伟大的物理学家爱因斯坦认为，物质的质量和能量可以相互转化，即质量可以转化成能量，能量也可以转化成质量，任何具有质量的物体，都贮存着看不见的内能，

如果用数学形式表达二者的关系的话，即某个物体内贮存的能量等于该物体的质量乘以光速的平方。光速约为 3×10^8 米／秒，这意味着虽然质量变化很小，但依旧可以转化为巨大的能量！比如 1 克铀 -235 发生核裂变时释放的能量就相当于 2.8 吨标准煤燃烧释放的能量！

阳 阳：1 克铀释放的能量竟然与 2.8 吨煤差不多！太神奇了！爷爷，我还有一个疑问，核能隐藏得这么深，我们如何才能把它"挖掘"出来，并利用它呢？

爷 爷：阳阳，你这个问题问到关键啦！想知道人类用了什么办法获取深深藏在原子核中的核能吗？我们接下来就要介绍两种方法！

考考你

原子质量单位是根据哪种元素的

原子质量确定的？

A. 氧　B. 氢　C. 碳　D. 氦

6
认识核裂变

爷　爷：当前科学家们主要采用两种方法来获取核能，它们是核裂变与核聚变。

阳　阳：这两种方法有什么不同吗？哪种更好一点？

爷　爷：别急，我一个一个来介绍。首先，核裂变，又称核分裂，是指一个原子核分裂成几个原子核的变化。你们知道一个原子核要分裂，本身需要具备什么条件吗？

阳　阳：我不太清楚……

科　科：爷爷，是不是它本身的质量需要比较大？如果它的质量很小，分裂产生的能量肯定不够大。

爷　爷：对啦！正是如此。所以只有一些质量非常大的原子核，像铀、钍和钚等才能发生核裂变。而天然矿石中能自发裂变的只有铀一种，所以现在核裂变普遍使用的材料是铀-235。

阳　阳：为什么铀之后要加"-235"？刚刚哥哥在解释原子质量单位时，也在碳后加了"-12"，这是什么意思？

科　科：这是因为碳原子中的中子数不是完全相同的。碳-12、碳-13、碳-14都称为碳元素，但是它们分别有 6 个、7 个、8 个中子，同时都有 6 个质子。所以它们彼此之间被称为同位素。

阳 阳：原来是这个意思！那铀 -235 是铀元素的一种，对吗？

爷 爷：是的。咱们再说回核裂变，其实它并不仅仅是一个原子核的一次分裂，而是一系列裂变反应。因此核裂变是"核裂变链式反应"。

阳 阳：一系列反应？这是怎么发生的？

爷 爷：这有赖于一位德国科学家。1938 年，这位叫哈恩的科学家用一个中子轰击铀 -235 原子核，从而实现了核裂变链式反应，铀 -235 原子核发生裂变后，会放出 2~3 个中子和巨大的能量，新产生的中子继续轰击原子核，还会继续引发新的核裂变反应。如此循环往复，核裂变反应就可以持续地进行下去，也能够源源不断地释放能量。

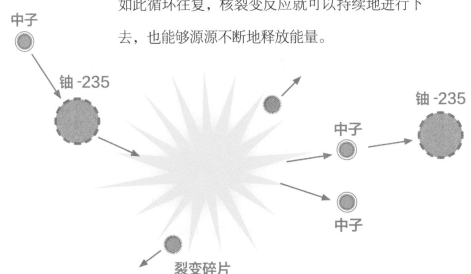

阳　阳：爷爷，这个过程听起来很像多米诺骨牌啊！也像咱们过年时放的鞭炮！

爷　爷：哈哈，阳阳，你的想象力也很丰富嘛！的确，鞭炮咱们只要点一次火就可以了，核裂变链式反应中咱们只要让第一个原子核分裂就可以产生巨大的核能了。但是……

阳　阳：但是什么？

爷　爷：给鞭炮点火你觉得难不难啊？

阳　阳：有点难……我就不敢，也不会点。

爷　爷：所以啊，咱们核裂变链式反应的开端也是有严格要求的。

阳　阳：爷爷能讲详细点吗？

爷　爷：好啊。那咱们首先要介绍"临界质量"这一概念。根据哈恩提出的核裂变链式反应，科学家们进一步研究原子核能够实现自持链式反应所需的最少裂变物质的质量是多少，这个质量被称作"临界质量"。

阳　阳：提出这个概念有什么作用呢？

爷　爷：研究临界质量的意义在于，它可以帮助我们知道核裂变链式反应所需要的最低质量。如果铀的质量低于临界质量，链式反应将无法发生；而一味地提高铀的质量，不仅造成原料浪费，还有可能无法预估控制反应的后果。

阳　阳：哦，原来是这样，这就是要计算出使用多少原材料的意思。

爷　爷：是的。临界质量研究的先驱者是法国著名物理学家佩林，他以天然铀为实验对象得出结论，天然铀的临界质量是 13 吨，但是如此大质量的原料根本无法用于实际。但接下来大家发现天然铀中核裂变燃料铀 -235 仅占 0.7%，其余 99.3% 均是对核裂变没有直接用途的铀 -238。于是科学家们又试图计算浓缩的铀 -235 的临界质量。在这个思路指导下，科学家们计算发现，只要从天然铀中提取出几千克铀 -235，就足以引发核裂变链式反应了。

阳　阳：几千克的确比十几吨更容易操作。

爷　爷：至此，人类已经掌握了开发核能的一种方法了。

阳　阳：那人类的能源事业向前迈进了一大步！

爷　爷：可惜的是，核裂变这一方法的初步应用给人类带来的是灾难而不是福祉！

考考你

以下哪种元素的原子核不能作为核裂变的原料？

A. 铀　B. 钍　C. 钚　D. 碳

7

震惊世界的"小男孩"和"胖子"

阳　阳：爷爷，核能给人们带来了什么灾难？

爷　爷：你应该知道原子弹、核弹吧？

阳　阳：知道！原子弹和核弹的杀伤力非常大，"二战"中，美国向日本扔了两颗原子弹迫使他们投降了。

爷　爷：正是这样。你说的那两颗原子弹被称为"小男孩"和"胖子"，它们让全世界人民见识到了核武器的毁灭性威力。核武器是对核能的一种利用，在爆炸瞬间会释放巨大的能量。核武器包括了原子弹和氢弹。

阳　阳：既然给人类带来了这么大的伤害，为什么科学家们要去制造核武器呢？

科　科：这就要联系"二战"的历史背景了。

爷　爷：不错。当时德国科学家哈恩等率先发现核裂变现象，并掌握了链式反应方法，德国政府于1940年制定了代号为"U工程"的核研究计划。如果德国纳粹抢先一步研制出核武器，全世界必然陷入灾难。于是费米等科学家出于社会责任与人道主义精神，联合科学巨匠爱因斯坦写信给美国总统罗斯福，建议美国开展核武器研究。为了先于德国制造出原子弹，美国政府制定了"曼哈顿计划"，这样世界上第一颗原子弹于美国诞生了。

阳 阳：那氢弹呢？

爷 爷：氢弹的威力比原子弹大得多。TNT 是一种制造炸药的有机物，常用释放相同能量的 TNT 炸药的质量表示核爆炸释放的能量，称为 TNT 当量。原子弹的威力通常为几百至几万吨级 TNT 当量，氢弹的威力则可大至几千万吨级 TNT 当量。

阳 阳：氢弹怎么能产生如此大的能量？

爷 爷：因为氢弹的原理是利用原子弹爆炸的能量引发核聚变反应。

阳 阳：核聚变？看来它比核裂变更厉害了。

爷 爷：那我们就再来仔细讲讲核聚变吧，这也是未来核能为人类使用的必经之路。

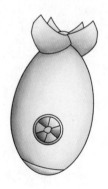

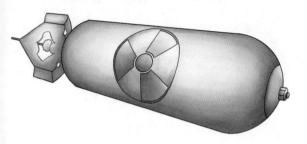

考考你

制造原子弹的原理是什么？

A.核聚变　B.核裂变　C.核爆炸　D.TNT 爆炸

8

前途无量的核聚变

爷 爷：核聚变，又称核融合或热核反应，还记得我们之前说核裂变又称为什么反应吗？

阳 阳：核分裂！这样一说核聚变好像和核裂变是相反的。

科 科：阳阳，你说得对。它们的反应原理的确是相反的。

爷 爷：核聚变，是轻原子核结合成较重原子核时放出巨大能量的现象。最具有代表性的核聚变就是氘和氚在高温高压条件下，发生反应生成较重的氦原

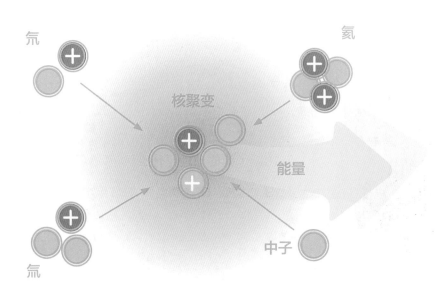

子核。

科　科：核聚变能利用的原料之一氘在海水中大量存在，按世界消耗的能量计算，海水中氘的聚变能可用几百亿年。另一种原料氚可以由锂制造，地球上锂的储藏量也很丰富。相较于核裂变的原料铀-235来说，核聚变能是一种真正取之不尽、用之不竭的新能源。

爷　爷：而且核聚变不会像核裂变那样产生具有放射性的核废料，对环境保护来说更干净、更安全。

阳　阳：既然核聚变有这么多优点，为什么我们不多多利用呢？

爷　爷：之前咱们说到核裂变就像"放鞭炮"一样，如果给核聚变也打个比方，你知道是什么吗？

阳　阳：是什么？

爷　爷：再造一个太阳！太阳的温度那么高，还能给地球提供能量，就是因为它的内部在不断发生核聚变反应，释放了巨大的能量。"种太阳"简直是人类从未遇到过的难题啊！

阳　阳：那爷爷……现在我们掌握了"种太阳"的技术了吗？

爷　爷：到底我们人类能不能在地球上拥有一个"太阳"呢？明天我们接着讲这个励志故事！

考考你

以下哪项与核聚变无关？

A. 氕原子　B. 氘原子　C. 氦原子　D. 铀原子

"种太阳"的土壤是什么：探索核聚变实验原理

3

爷爷上次答应接着给科科和阳阳讲人类"种太阳"的故事。但是第二天，爷爷突然接到了学生们的电话，请他去 K 大实验室指导一下他们的研究进展，可控核聚变正是这个实验室的研究主题。因此，爷爷带领科科、阳阳一起来到了 K 大，让他们在研究前线了解核聚变知识。科科、阳阳都非常兴奋，这还是他们第一次参观科研实验室呢！他们也有一肚子关于"人造太阳"的问题亟待解答。

1

"人造太阳"可能吗：可控核聚变

阳　阳：爷爷，快接着给我们讲"种太阳"的故事吧！

爷　爷：我们之前讲到了核聚变，今天讲更具体一点儿的可控核聚变。科学家们希望发明一种可以有效控制"氢弹爆炸"过程的装置，让能量持续、稳定地输出，为人类所用。如果像氢弹那样瞬间释放出能量，给人类带来的只有伤害。

阳　阳：如何能做到这样的"可控"呢？

爷　爷：两个轻原子核聚变需要先剥离电子，只有足够高的温度才能使带正电的两个互斥的原子核糅合形成新原子、放出巨大能量。温度本就是微观粒子运动产生的，只有达到了可以让核聚变发生的温度，才能让原子核剧烈地运动，进而突破排斥力，然后融合。

阳　阳：哦，我明白了！我们要创造出高温的环境，就像太阳里的核聚变发生时的环境一样！

爷　爷：对了，这正是我们"种太阳"的意义所在！为了实现可控核聚变反应，核聚变原料需要被加热到1亿摄氏度左右。这个温度可比太阳的核心温度还要高得多！

阳　阳：1亿摄氏度……这是什么样的温度啊？

爷　爷：还记得暑假里有段时间非常热，你天天待在游泳馆、不愿意去室外那几天吗？那时候最高的温度才40摄氏度左右，你想一想1亿摄氏度是个什么概念。

阳　阳：科学真是太不可思议了，人类竟然可以掌握如此先进的技术！

爷　爷：没错！每一个发现都是科学家们呕心沥血的结果，

也正是这些发现带来的科技进步让人类的生活日新月异。科学家们还发现，除了高温这一必要条件外，可控核聚变还有一些难题需要解决。

阳 阳：实现这样的高温条件就已经很难了，难道还有其他条件？

爷 爷：英国科学家劳森在研究中经过计算，提出了"劳森判据"的公式。只有满足这一公式，即核聚变燃料的温度、密度和约束时间三者的乘积大于特定值，核聚变才能被成功引发。

阳 阳：密度和约束时间在可控核聚变反应中起到什么作用呢？

爷 爷：要回答这个问题，我们先来解释一下劳森判据的原理。其实不管是提高温度，还是提高密度，或者是延长约束时间，都可以增加核聚变反应发生的概率。高温就是为了提高粒子的运动速度，这样原子核之间有较大的动能，可以克服彼此之间的电斥力。

阳 阳：那密度呢？

爷 爷：密度指的是单位体积内粒子的数量，密度越大，单位体积内粒子数量越多。也就是说，我们可以增加固定体积内原子核的数量，原子核越多、越密集，它们相碰的概率就会越大。你假想一下，在两个相同大小的房间里，分别有 2 个人和 100 个人在随意走动，100 个人所在的房间内人发生肢体接触的概率是不是大得多？

阳　阳：肯定的。那约束时间起什么作用呢？

爷　爷：约束时间的意思是把粒子控制在一个固定的空间内足够长的时间，增加原子核在一起的时间，也能增加它们相遇的概率。

科　科：这是不是就像两个房间里有相同的人数，分别让他们走 1 小时和 1 天，走 1 天的房间内的人相碰的概率也会更大。

爷　爷：正是这样。所以科学家们可以从这三个方面努力，来实现可控核聚变。

考考你

以下哪一项，"劳森判据"
公式没有涉及？

A. 温度　B. 质量　C. 密度　D. 约束时间　_____

2
实现可控核聚变的方法

阳 阳：爷爷，那现在科学家们的研究进展怎么样了？

爷 爷：根据咱们之前的介绍，核聚变的实验装置在朝着两个方向发展。

一是以提高温度为目标，尽量提高核聚变材料的温度；二是以提高密度为目标，通过挤压燃料的体积，使燃料的密度在短时间内达到一个很大的值。

阳 阳：那如何延长约束时间呢？

爷 爷：约束时间与约束的方法有关。不过你们知道"约束"是什么意思吗？

阳 阳：语文课上说过，"约束"这个词本身是"限制，管束"的意思。

爷 爷：具体来说，是指限制核聚变原料的"行动"。因为核聚变原料是气体，容易随处飘散，所以需要借助一个外力把它们控制在一个固定的地点，让它们发生反应。而且正如我们前面所说，尽量延长这个约束时间。

阳 阳：我们怎么能限制气体的行动呢？它们总是飘来飘

去的……

爷　爷：科学家们想出了三种方法，即用磁场、引力、惯性来约束它们。

科　科：具体是如何利用磁场、引力、惯性的呢？

爷　爷：咱们先说说磁约束。这类核聚变装置一般需要达到非常高的温度，但人们找不到任何材料能用作容器来"承装"核聚变原料。因此科学家们另辟蹊径，用一个"隐形"的容器，也就是磁场来约束核聚变原料。然后把这个磁容器悬浮在真空的腔体中，将高温的原料与反应容器隔绝开，这样就能在地球上承载比太阳温度还高的核原料。由于核聚变原料的温度很高，所以这种方式也被称为"热核聚变"。

阳　阳：好像科幻电影的情节啊，超高温的核原料悬浮在半空中……

爷　爷：至于利用引力，是科学家们从太阳里发现的。太阳中发生的核聚变，原料主要是氢元素，约束力主要靠万有引力来提供。太阳的核心温度有1500万摄氏度，同时万有引力将外层的氢不断往中心挤压，形成了很高的密度。再加上太阳有足够长的约束时间，核聚变自然就发生了。

阳　阳：惯性约束是什么意思呢？

爷　爷：这类装置使用多路强激光同时轰击一个由核聚变原料做成的小球。因为惯性的存在，在极短的时间内小球的体积来不及膨胀，巨大的向心爆炸作用将核聚变原料压缩至高温高密度状态，从而引发短暂的核聚变反应……

阳　阳：稍等，爷爷，什么是惯性？

爷　爷：惯性是物体的一种固有属性，表现为物体对其运动状态变化的一种阻抗程度，意思就是惯性使物体尽量保持现有的状态。它存在于每一物体当中，惯性大小与该物体的质量成正比。

阳　阳：听起来好像感觉物体因为惯性的存在，所以做出的反应比较慢。

爷　爷：有点道理。核聚变约束的三种形式就是这样的。但是三种方法中，其实我们只能用一种。

阳　阳：这又是为什么呢？

爷　爷：之前说的引力约束在太阳里存在，但在地球上无法实现。而惯性约束主要应用于军事领域，因为其原料供应不能持续进行。例如，氢弹的引爆就是靠原子弹爆炸所产生的高温高压，将核聚变原料压缩至高温高密度状态，从而发生核聚变。但这样并不适合为人类生产能源。

阳　阳：所以，我们只剩下磁约束这条路了？

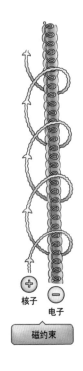

核子

电子

磁约束

引力约束

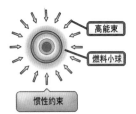

高能束

燃料小球

惯性约束

考考你

太阳中的核聚变依靠什么来约束氢元素？

A. 引力　B. 磁场　C. 惯性　D. 高温

3
施了"魔法"般的磁约束

爷 爷：是的，我们只能用磁约束来增加约束时间。

阳 阳：磁场为什么能约束核聚变原料呢？而且还是在两者根本没有接触的情况下。

爷 爷：这里面又涉及一个很有趣的知识点。我考一考你们：物质有几种状态？

阳 阳：这太简单啦，物质有三种状态，分别是固态、液态、气态，这三种状态还可以互相转换。

爷 爷：你说得没错，人们熟知的物质状态的确是这三种，但其实还有第四种——等离子态。

阳 阳：竟然还有第四种？那它是什么样子的？空气是气态，水是液态，泥土是固态，我实在想不出物体还能有什么状态了。

爷 爷：这物质的第四态，有点类似于气体，但是它内部是带电的。要理解等离子态，我们还得回到之前说过的微观世界再看一看。

阳 阳：和原子核、电子这些有关系吗？

爷 爷：我们说过，原子是由原子核和电子组成的，原子核带正电，电子带负电，两者"异性相吸"，让原子核始终用电荷吸引力将电子"拴"在身边，电子就围绕着原子核转。当温度升高时，电子的运动速度就加快了。当温度升高到一定值后，电子就能挣脱"拴"着它的那根无形的线，做自由运动了。这样就形成了一边是自由运动的电子，一边是自由运动的原子核这样的状态，两者互不干扰。

阳　阳：那为什么这种状态叫等离子态呢？

爷　爷：因为这些原子核和电子都是从原来呈电中性的原子中分离出来的，所以其所带的电荷量是相等的。科学家就把这种"离子数"相等的物质状态称为等离子态。等离子体其实就是一种带电的气体。在地球上，我们生活中常见的火焰、闪电、霓虹灯内的物质，还有极地美丽的极光，都是等离子体。而根据印度科学家的计算结果，宇宙中除了暗物质，99%的可见物质都是等离子体，包括太阳这样的恒星、气态星云等。

阳　阳：那等离子体为什么会受磁场的控制？

爷　爷：在磁场中，带电的物质会受其控制，因为它们会受到电磁力的影响。电磁力类似于万有引力，是

大量带电粒子形成等离子体

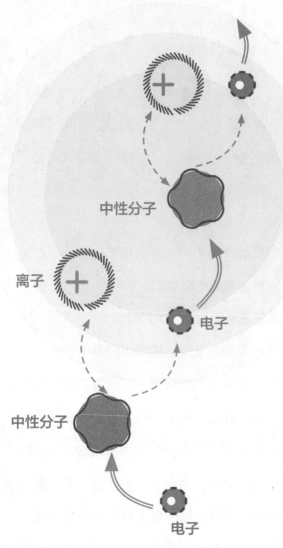

中性分子

离子

电子

中性分子

电子

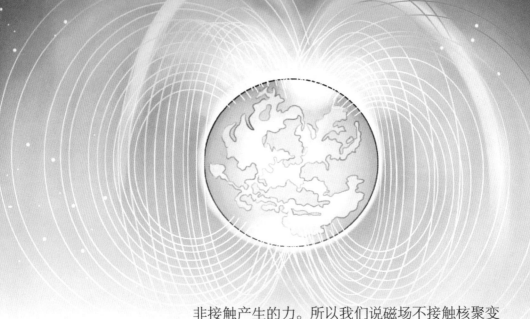

非接触产生的力。所以我们说磁场不接触核聚变

原料，却能约束它们。

阳　阳：磁场竟然有这么强大的功能？

爷　爷：从微观角度来说，磁场中的带电物质运动时，受

到了洛伦兹力的作用。洛伦兹力能改变带电粒子

的运动方向，使它们在垂直于磁感线的方向上做

回旋运动。如果我们采用极强的磁场，等离子体

回旋半径便大大减小，它的运动轨道就被限制在

磁感线附近。这样就达到了约束的目的。

阳　阳：这些粒子在磁场的作用下，只能围着磁感线做直

线运动了？

爷　爷：其实，磁感线是为了形象地研究磁场而人为假想

的曲线，并不是客观存在于磁场中的真实曲线。

所以，磁感线并不是直线，我们也并不能真正地看到粒子围绕着一条线在运动。

阳阳：爷爷，这样说来，原子核、电子受到了看不见、摸不着磁场的作用，才能在"隐形"的磁感线附近运动。这一切听起来，仿佛是被施了"魔法"！我们看不见是谁在施力，但是粒子的的确确受到了影响！

爷爷：如果探究这些"魔法"背后的真正原理，我们只能说是科学吧，科学给人类社会带来的奇迹远不止核聚变这一项。而不断更新科学知识，通过无数次设想与实验，从而让这些"魔法"效果得以呈现的"魔术师"们，正是伟大的科学家！

考考你

极光是什么状态的物质？

A. 固体 B. 气体

C. 液体 D. 等离子体

4
"磁笼子"与
"真空夹层"

阳 阳：爷爷，我发现了一个问题，核聚变原料是看不见的气体，尽管科学家们找到了好帮手，能够约束气体运动的磁场，可是磁场也是摸不到的，难道科学家们要对着空气做实验吗？

科 科：核聚变原料放在空气里也马上就不见了啊，难道你要科学家们发动"内功"将它们聚在一起吗？阳阳，你是武侠小说看多了，哈哈！

阳 阳：哥哥，那你说怎么办？

科 科：磁场是盛装核聚变燃料的"磁笼子"，我们再造一个实体的笼子把"磁笼子"装进去，这样就能控制实验了。爷爷，我说得对吗？

爷 爷：思路是正确的，不过你再想想，虽然核聚变反应发生时的1亿摄氏度高温不会将"磁笼子"熔化，但是最外层的实体笼子还是经受不住如此高温啊。

科 科：所以需要把实体笼子和"磁笼子"隔开，让热量无法传递……我知道啦，需要真空！

阳　阳：哥哥，什么是真空啊？

科　科：真空也是一种空间状态，只是在这个特定的空间内，气体非常稀薄，气压低于一个标准大气压。外太空就是最接近真空的空间。

爷　爷：1654 年，马德堡市长设计了半球实验，证明了真空的存在。他制造了两个外直径约为 37 厘米的铜制半球，在两个半球中间垫上橡皮圈，这样它们就能完全紧密地贴合在一起。然后把两个半球灌满水合在一起，再把水全部抽出，此时两个铜制半球在没有任何辅助下紧紧地贴合在一起，球内已经变成了真空状态。他为了证明两个半球的结合是多么紧密，又安排了 16 匹马分别向相反的方向拉动，才将球体拉开。因此该实验被称为"马德堡半球实验"。

阳　阳：真神奇！那为什么哥哥说真空能够隔热呢？

爷　爷：回答这个问题，你需要先知道热量是怎么传递的。热量传递有三种基本方式：热传导、热对流、热辐射。我们生活中感受到的热量都是这三种方式的组合。你看看这张图就明白了。（说着，爷爷打开了实验室的电脑，用投影播放了一张图片。）

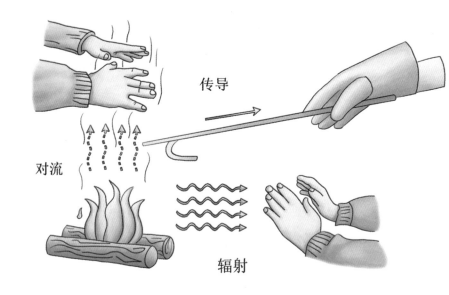

传导

对流

辐射

考考你

关于热量传递的基本方式，
你看懂了吗？试着连线吧：

传导　　　晒太阳

对流　　　煮火锅的锅很烫

辐射　　　烤篝火

阳　阳：唔……我好像明白了。吃火锅的时候铁锅好烫不能碰，因为金属是导热的。我们上个学期去野外露营，把手放在篝火上能感受到热腾腾的气流，这就是热对流！至于热辐射嘛，阳光照在身上暖洋洋的就是因为这个原理。

爷　爷：阳阳，你理解得很对。真空状态下，没有金属导热，稀薄的空气通过对流传递的热量也很少，只有热辐射这一种方式，热量传递效果自然差了很多。这样的温度，实体笼子就能够承受了。

阳　阳：科学家们简直太聪明了！磁约束核聚变装置就像一个三明治，最外层是实体笼子，夹层是用来隔热的真空状态，然后是"磁笼子"，最中间是核聚变燃料。

爷　爷：没错，借助这样的实验装置，我们就能够在地球上实现可控核聚变了。因为太阳内部不断发生着核聚变反应，所以科学家们把设计出来的核聚变反应装置叫作"人造太阳"。

考考你

"磁笼子"与实体笼子之间的真空状态有什么作用？

A. 切断电磁波传递　B. 阻隔热量传递　C. 减少装置噪声

学习了磁约束核聚变反应原理的阳阳和科科，迫不及待地想要见识一下"人造太阳"核聚变反应装置。爷爷看透了他们的心思，笑着说："今天在 K 大实验室，你们可以大饱眼福咯，这里有着全世界最先进的'人造太阳'——EAST 东方超环。"在 EAST 控制大厅，阳阳和科科看到了近百位实验人员远程操控 EAST 装置，巨大的屏幕上不停显示着机器运转的各项参数。

5
各种各样的磁约束装置

阳 阳：爷爷，这就是您说的 EAST 东方超环吗？真的太壮观了！

爷 爷：没错，EAST 是我国自行设计研制的世界上第一个"全超导非圆截面托卡马克"核聚变实验装置。到目前为止，全世界也仅有两台装置正在运行，除了这台外，另一台在韩国。

科 科：等一下，爷爷，您刚刚说的"全超导""托卡马克"都是什么？我完全没听明白。

爷　爷：这都是专业名词，"全超导"是磁约束装置所使用的材料，"托卡马克"是 20 世纪 50 年代苏联科学家根据磁场形状命名的磁约束形式。

科　科：全世界研究核聚变，都是采用托卡马克这种磁约束形式吗？

爷　爷：并不是的，托卡马克从 20 世纪 70 年代开始，才受到科学家们的研究重视。在此之前，科学家们设计出了许多种磁场形状，相对应地，也建造了各种样式的磁约束核聚变装置，有的像糖果，有的像麻花，有的像甜甜圈，形态各异。

科　科：为什么要设计这么多种核聚变装置？

爷　爷：你在物理课上一定学习过，磁场是一种看不见、摸不着但客观存在的物质，这也给我们利用磁场控制核聚变反应带来了很大的困难。这么多种不同样式的核聚变装置，就是科学家们在探索最合适、最稳定的磁场形状的过程。

科　科：我懂了，这就是所谓的"优胜劣汰"。

爷　爷：是的，托卡马克是目前国际上研究可控核聚变最主流的反应装置，它取得的效果也是最好的。

阳　阳：爷爷，我听明白了另一件事，EAST 东方超环是全世界最厉害的核聚变实验装置，中国科学家真强大！

爷爷：哈哈，在全超导托卡马克研究领域，中国确实处于世界领先地位，EAST 的建设和运行也是我国可控核聚变研究史上的重要里程碑。

阳阳：爷爷，您快点给我们讲讲各种形状的磁约束装置吧！

爷爷：你们跟我来核聚变装置模型展厅，我们边看边讲。

6
糖果形的"磁笼子"：磁镜

爷爷：科科，阳阳，你们看这个核聚变装置模型。

阳阳：爷爷，它好像一颗糖果啊。

爷爷：没错，这个模型两端的线圈里的电流方向是相同的，通电后就会产生一个中间弱、两端强的磁场，我们利用这种磁场就可以约束等离子体。

阳阳：核聚变燃料在"糖果"里是怎么走动的呢？它们真的能碰撞吗？

爷爷：还记得爷爷之前给你们讲过的话吗？在磁场中，

带电的物质都会受到电磁力的影响。

阳　阳：记得!

爷　爷：在这颗"糖果"中，当绕着磁感线旋进的带电粒子，或者说是核聚变燃料，由弱磁场区向强磁场区运动时，就会被一股来自反方向的力"拉"住。这个力使带电粒子的速度减慢直到停下来，然后在这个拉力的作用下反弹至另一端。

阳　阳：所以当带电粒子穿过中间弱磁场区跑向另一端的强磁场区时，又会被这一端的电磁力"拉"住，

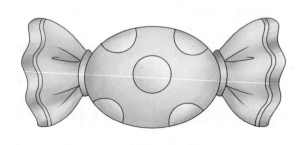

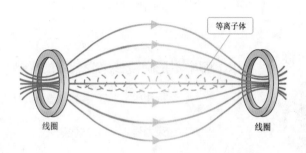

然后减速再反弹。只要磁场存在，反弹运动就不会停止。

爷　爷：阳阳说得非常对，带电粒子在"糖果"中循环往复地做着反弹运动，就有机会发生碰撞。这个来回反弹的过程就像是光在两面镜子之间不停地反射，所以这种磁场形态的装置被叫作磁镜。

阳　阳：爷爷，我觉得这个装置非常简单，两个通电线圈就能产生磁场，从而控制核聚变反应，一定被很多国家制造和研究吧。

科　科：等一下，爷爷，我有一个问题，这颗"糖果"只在两端各有一个线圈，核聚变燃料难道不会从"糖果"中间跑出来吗？

爷　爷：你们说得都有道理，简单易制造是磁镜最大的优点，也方便研究。但缺点就是约束能力不好，一旦发生逃逸，高温的核燃料很快就会让最外层的实体笼子熔化。所以科学家们接下来的目标是研究约束能力更强的磁场形态。

考考你

以下哪个不是磁镜核聚变装置的优势？

A. 结构简单　　B. 容易制造

C. 约束力强　　D. 方便研究

7

麻花形的"磁笼子"：仿星器

爷　爷：其实在设计"糖果"式磁场之前，科学家们就尝试过用最简单的螺线管约束核燃料，但是实验表明，核燃料会从两端跑出来，约束效果并不理想。

科　科：这个简单，把螺线管做成环形，首尾相接，核燃料就不会逃跑了。

爷　爷：科科，这次你想得太简单了，仅仅靠环形螺线管还是无法实现很好的约束效果。螺线管围成一个环形磁场，内侧磁场强度大于外侧，带电粒子还是会"飞"出来，整体向外漂移。

阳　阳：科学家们想到了什么好办法？

爷　爷：20 世纪 50 年代开始，科学家们希望通过制造外部复杂、扭曲的线圈，在内部产生闭合、约束力强的环形磁笼。从理论上讲，这种设计的约束性能非常好，可以牢牢地将核燃料控制在反应装置内部。

阳　阳：难怪这种装置被叫作"麻花"，外部扭曲的线圈看得我眼花缭乱。

爷　爷：它的学名叫仿星器，制造的难度非常大，对工艺

精度的要求也特别高，所以尽管具备高强度的约
束性能，许多国家还是望而却步。

阳　阳：难道没有人研究"麻花"吗？

爷　爷：当然有，德国拥有着世界上最大的仿星器实验装
置 Wendelstein 7-X。

科　科：如此复杂的制造工艺，也只有一向以严谨著称的
德国人能造得出来了。

爷　爷：据说，德国 Wendelstein 7-X 造价达 10.6 亿欧元，
是用 50 个超导磁性线圈制造的封闭扭曲的环形
磁笼，可以说是这个世界上最复杂的结构之一。

科　科：德国仿星器也和中国的东方超环一样，投入实验
研究了吗？

爷　爷：2018 年德国的核聚变研究取得了重大突破，研究
团队宣布在最新的一轮实验中，仿星器装置首次
实现了持续时间超过 100 秒、温度达到 2000 万摄
氏度的氢等离子体，能量第一次超过 1 兆焦耳，
创下了这种仿星器的最新纪录。

阳　阳：没想到这个"奇葩"的大"麻花"还挺厉害嘛！

爷　爷：根据德国科学家的说法，Wendelstein 7-X 仿星器
已经实现了最高的能量密度，可以满足未来核聚
变发电站的要求了。

阳　阳：这么说，德国可以利用大"麻花"建核聚变发电站了？

爷　爷：目前还不行，你口中的大"麻花"等离子体放电时间还太短，如果能够找到在扭曲的磁笼中保持30分钟以上的超高温等离子体，我们会距离目标更进一步。

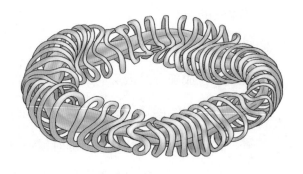

考考你　　仿星器核聚变装置最大的缺陷是什么？

A. 工艺复杂

B. 约束性差

C. 缺少合适的制造材料

8

甜甜圈形的"磁笼子"：托卡马克

爷 爷：孩子们，你们看，这个像"甜甜圈"的装置就是托卡马克。

阳 阳：托卡马克，这个词语好奇怪，是什么意思呢？

爷 爷：它并不是中文词语，而是 Tokamak 的音译，由俄文环形、真空室、磁、线圈的单词缩写而成，这是苏联科学家发明的一种磁约束形式。

阳 阳：原来如此。爷爷，托卡马克内部是怎么用磁场约束核聚变的呢？

爷 爷：阳阳，你已经抓住问题的关键了。托卡马克名词的第一个合成部分是俄文的"环形"，就是因为科学家们把它的磁场设计成了封闭的圆环形。

科 科：爷爷，我记得您在介绍仿星器的时候说过，仅仅靠首尾相接的螺线管对核聚变燃料的约束作用是不够的，所以科学家们把磁场"扭"成了麻花形。但是托卡马克的磁场没有"扭"成麻花形，它是怎么增强磁场约束力的呢？

爷 爷：科科，问得好！为了保持控制核聚变燃料在环形磁场内运动，而不会"飞"出来，制造仿星器"麻花"是一种方案，另外一种方案则是增加线圈，控制磁场的位置和形状。

科　科：这种方案听起来好像更容易实现。

爷　爷：没错，相比于仿星器，这就是托卡马克装置的优势。

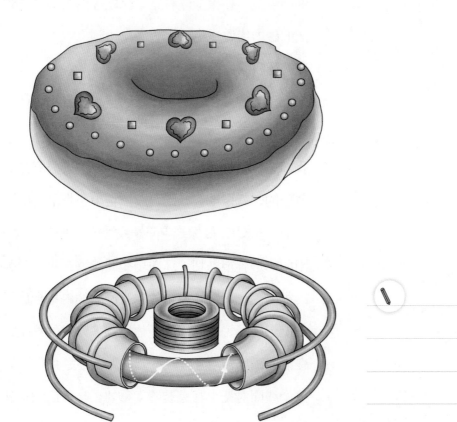

科　科：爷爷，您再具体给我们讲讲，托卡马克里面的线圈是什么样子的。

爷　爷：托卡马克内部的线圈主要有三种，分别是中心螺线管线圈、环向场线圈、外极向场线圈。

科　科：这些线圈都有什么作用呢？

爷　爷：中心螺线管线圈能够激发等离子体产生等离子体环向电流，核聚变燃料氘、氚以等离子态沿着封闭的磁力线做螺旋式运动。

科　科：环向场线圈是用来做什么的呢？

爷　爷：你们仔细观察，环向场线圈的位置和方向有什么特点？

阳　阳：我知道，中心螺线管是平放的，环向场线圈是竖着放的，就像毛线一圈一圈地把中心螺线管线圈"缠"起来了，好像给中心螺线管穿了一件外套。

爷　爷：阳阳的形容很贴切。环向场线圈能够产生非常强的纵向磁场，跟等离子体本身产生的磁场合成了螺旋形磁场，这样等离子体受到多方向的约束，在沿着磁场转动时，就不会"飞"出去了。

科　科：这个线圈对托卡马克装置太重要了！最后一种外极向场线圈的用途是什么？

爷　爷：外极向场线圈同样用来控制等离子体的位置和形

状，是为了防止核聚变燃料"飞"出去的第二重
保护。

科 科：科学家的设计太巧妙了！只用了三个线圈就实现
了对等离子体的强约束。

爷 爷：按照线圈的放置方向，我们通常把竖直放置的环向
场线圈叫作纵场线圈，把水平放置的中心螺线管线
圈与外极向场线圈合称作极向场线圈。除了这三种
主要线圈，不同的托卡马克装置也会设计一些小的
线圈，目的都是稳定磁场的位置和形状。

阳 阳：这就是伟大的人类智慧啊！

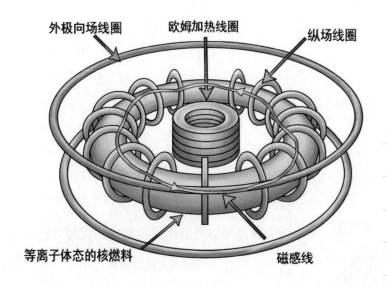

外极向场线圈　　欧姆加热线圈　　纵场线圈

等离子体态的核燃料　　　　　磁感线

爷　爷：完全可以这样说。通过增加线圈来提升圆环形磁场约束能力，保证核聚变燃料在磁场中周而复始地运动，同时工艺难度比仿星器低，便于制造和研究。所以从 20 世纪 70 年代起，各国都尝试制造托卡马克装置以研究核聚变反应原理。

阳　阳：我和哥哥今天看到的 EAST 东方超环就是托卡马克装置之一啦。

爷　爷：没错，到目前为止，世界各国制造了大大小小共 100 多个托卡马克，在人们研究核聚变的历程中起到了重要作用。明天爷爷继续带你们参观 K 大实验室，到时候我们来讲讲托卡马克的发展历史。

考考你　　**托卡马克与仿星器相比，最大的优势是什么？**

A. 制造难度低

B. 造价便宜

C. 约束能力强

4

"种太阳"的工具是什么：解锁托卡马克反应装置

爷爷带着科科和阳阳继续参观 K 大实验室。可令孩子们有些失望的是，今天并不是参观令人心驰神往的大反应装置，而是一头扎进了有些枯燥的资料室。阳阳耐不住性子问道："爷爷，您说给我和哥哥讲托卡马克的发展历史，难道不是应该去博物馆那种地方吗？我们一边听您讲，一边看看展览的大装置。"爷爷还没说话，科科就笑着说道："阳阳，你太天真了！我们昨天参观的 EAST 东方超环那么大，想必其他的托卡马克也非常庞大，况且它们一定是由不同的国家研发出来的，我们怎么能挨个去看呢？"爷爷笑着点点头道："阳阳，科学家开展工作的第一步都是查阅大量的文献资料，增加知识储备，这样才能'站在巨人的肩膀上摘苹果'。这个过程不仅不枯燥，还能有许多大发现呢。"说着，爷爷找出了一些文字和图片资料，三人围坐在桌前一起阅览。

1

一鸣惊人：苏联 T-3 托卡马克的诞生

爷　爷：托卡马克的发展历史，可以追溯到 20 世纪 50 年代。出于军事考虑，美国和苏联的核聚变研究从未停下脚步。苏联科学家萨哈罗夫和塔姆首次提出了"托卡马克"的概念，由年轻能干的阿奇莫维奇领导这项科学计划。

阳　阳：我以为美国的核技术是世界第一，没想到"托卡马克"的概念竟然是由美国的冷战对象苏联提出来的。

爷　爷：尽管当时美国和苏联处于冷战阶段，但是科学无国界。正是科学家们有这样的科学理念，托卡马克装置才能够突破重重困难，取得傲人的成绩。

科　科：爷爷，昨天您向我们介绍美国研制仿星器的时间段，好像也是在 20 世纪 50 年代。

爷　爷：没错，"二战"末期，美苏对于可控核聚变的研究一直处于互相保密的状态，两国都认为自己的设想最接近核聚变反应条件。说回到苏联的研究，1958 年，苏联科学家阿奇莫维奇等人发明了世界上第一台托卡马克装置，将其命名为 T-3，并开始运行。

科 科: 这是多么令人欢欣鼓舞的事啊，T-3 托卡马克在
世界上一举成名！

爷 爷: 没这么容易。T-3 托卡马克诞生之初并没有受到
太多关注，西方发达国家也在尝试仿星器等磁场
位形的核聚变装置。而且 T-3 托卡马克的反应温
度和约束时间还要经过实验测量和不断优化，其
中困难重重。

阳 阳: 如果美国和苏联没有冷战就好了，这样两国的科
学家互相交流，一定能找到解决办法。

爷 爷: 阳阳说对了。不仅是托卡马克研究受阻，西方世
界的研究进程也一样崎岖。所以，在 1958 年日
内瓦会议之前，苏联决定完全揭秘他们的核聚变
研究，与国内外同行分享交流。在这一次会议上，
来自美国科学家斯皮策的仿星器研究设计令他们
大吃一惊，"8"字形的磁场设计和稳定的操作
是他们从未考虑过的方案，甚至一度对 T-3 托卡
马克的可行性产生怀疑。

阳 阳: 幸亏苏联没有放弃托卡马克，仿星器制造难度太
大了。

爷 爷: 托卡马克真正受到全世界关注是在 1968 年 8 月，

国际原子能机构（IAEA）聚变大会在苏联新西伯利亚召开。阿奇莫维奇宣布 T-3 托卡马克的最新成果：电子温度达到 1000 万摄氏度，约束时间达到 10 毫秒。这一温度参数比美国普林斯顿的仿星器高了 10 倍多。

阳　阳：我想，这下其他国家的科学家对托卡马克装置没有怀疑了吧。

爷　爷：完全相信是不可能的。尽管托卡马克的成功有目共睹，但是西方科学家不相信苏联的装置能取得如此巨大的优势，他们怀疑苏联的温度测量技术太过复杂，结果可能存在较大误差。

阳　阳：这还不容易，当着其他国家科学家的面，重新测量一次温度就可以啦。

爷　爷：没错，为了验证数据的真实性，阿奇莫维奇邀请了英国卡勒姆团队，到莫斯科库尔恰托夫研究所再次检验这一结果。卡勒姆团队早已发现，使用激光技术能够有效测量等离子体的温度，并且在英国的核聚变反应装置中得到了证明。这对于托卡马克的发展道路有着重要意义。

阳　阳：爷爷，您快说说检测结果吧。

爷　爷：经过前期考察和激光装置筹备等工作，1969 年 6

月，卡勒姆团队确认，T-3 托卡马克的电子温度比阿奇莫维奇宣布的 1000 万摄氏度还要高出许多，证实了托卡马克装置研究可控核聚变反应的可行性与优越性。托卡马克终于得到了各个国家的认可。

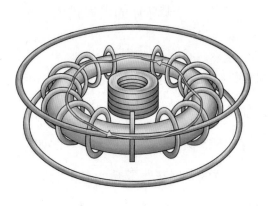

考考你

世界上第一台托卡马克装置来自于哪个国家？

A.苏联   B.美国   C.英国   D.法国

2
托卡马克的黄金时代

爷　爷：T-3 托卡马克装置取得了理想的实验结果后，借助托卡马克大装置研究可控核聚变，受到了世界各国的重视。20 世纪七八十年代，托卡马克的发展进入了黄金时代。

阳　阳：托卡马克的实验结果这么好，如果我是研究人员，也会选择这种装置。

爷　爷：阳阳啊，你这句话，说着容易做起来难。比如，美国已经为仿星器的发展花费了近 20 年的时间，投入了大量的资金和人力。尤其是以研究仿星器型号 C 为目标的普林斯顿实验室，他们的研究人员坚持苏联的结果是错误的。

阳　阳：爷爷说得有道理，中途放弃仿星器研究，对美国来说损失太大了。

爷　爷：但是托卡马克成为核聚变研究的主角，已经是大势所趋，甚至美国国会都对苏联的实验结果产生了兴趣，并且询问美国原子能委员会，什么时候才能赶超苏联。

科　科：爷爷，仿星器和托卡马克具有一个很大的共同点，它们都是环形核聚变装置，我认为美国可以在仿星器基础上改装，这样做不仅降低损失，还能加快托卡马克的研究速度。

阳　阳：对啊，我怎么就没想到，还是哥哥聪明！

爷　爷：科科说得非常正确。美国经过研讨也认为，在一台相似装置上复制苏联的结果是最快的方式。如果对仿星器型号 C 进行改装，就能够得到一台与 T-3 大小一致的托卡马克。

阳　阳：可是普林斯顿实验室是仿星器型号 C 的主要研发机构，他们又不认可托卡马克，会同意改造方案吗？

爷　爷：原子能委员会的施压和卡勒姆团队的检验结果，让他们最终同意了这种方案。

阳　阳：有了仿星器的基础，改造托卡马克应该很快吧。

爷　爷：是的，1969 年 12 月，仿星器型号 C 最后一次关机。经过 4 个多月的时间，研究团队将它改造成了一台托卡马克。

科　科：美国托卡马克的实验结果怎么样？和苏联 T-3 一致吗？

爷　爷：美国把这一台装置命名为对称托卡马克装置

（ST），经过测量后，美国人惊奇地发现，苏联科学家说的都是真的，托卡马克 ST 的温度与约束时间打破了美国以往的纪录。

科科：这让我想到了一句诗："纸上得来终觉浅，绝知此事要躬行。"美国人亲自建造托卡马克并测量实验数据后，终于对托卡马克研究核聚变的优势心服口服。

爷爷：可以说，从这以后，美国的科学家彻底爱上了托卡马克。美国支持了许多实验室和高校，建造各式各样的托卡马克装置。

科科：除了美国，还有其他国家加入了托卡马克行列吗？据我所知，英国一直就在坚持研究磁镜装置。

爷爷：到 20 世纪 70 年代，托卡马克装置已经走到了核聚变研究舞台的中央。美国也并不是唯一一个投入托卡马克浪潮的国家。还记得那个帮助 T-3 测量电子温度的卡勒姆团队吗？他们和美国一样，将一台正在建造的仿星器改装成了一台托卡马克。法国、德国、意大利、日本陆陆续续加入了托卡马克装置的研发队伍中。

科科：托卡马克带领全世界开辟了一条通向更高温度、更长约束时间的核聚变研究道路。

爷　爷：的确如此，托卡马克装置加快了这个领域的发展速度。20 世纪 70 年代，全世界在托卡马克的研究过程中发现了一个重要结果，被称为"定标律"。

阳　阳：这是什么意思呢？

爷　爷："定标律"反映了一个规律：托卡马克装置越大，温度和约束时间的参数结果就越好。

阳　阳：所以世界各国要开始建设大型托卡马克反应装置了！

爷　爷：没错，20 世纪 70 年代后期至 80 年代中期，陆续建成了世界三大托卡马克，它们分别是欧洲联合环（JET）、美国托卡马克聚变测试堆（TFTR）、日本 JT-60。这些装置对磁约束核聚变研究做出了巨大的贡献。

考考你　"如果想得到更接近核聚变所需的温度和约束时间，就要建造更大的托卡马克装置。"这句话正确吗？

　　　　　A. 正确　　B. 错误

3

美国托卡马克聚变测试堆(TFTR)：
首个运行的新一代大型托卡马克装置

爷 爷：咱们接着前面说说美国的托卡马克研究进程。你们还记得刚刚讲到哪里了吗?

阳 阳：我记得。美国把仿星器型号 C 改造成为对称托卡马克后，得到了更好的温度和约束时间数据。美国科学家对托卡马克的优越性表示了充分认可。

爷 爷：没错，美国的核聚变研究历史悠久，且经费投入巨大。尤其是 1973 年石油危机发生后，美国政府认识到开发可替代能源的重要性，呼吁"能源独立"。因此，投入核聚变研究的项目经费不断增长，由 1973 年的 4000 万美元上升到 1978 年的 3.5 亿美元。

阳 阳：让我算算，五年时间经费投入增加了近 8 倍啊!

科 科：阳阳，科研经费投入对于任何一项研究来说都至关重要，这也是美国在核聚变研究乃至其他科技领域领先的重要原因。

爷 爷：在政府的支持下，1974 年，美国原子能委员会成立了新部门——磁约束聚变研究和能源开发办公室，并且批准由普林斯顿等离子体物理实验室开始一项新工作，即建造托卡马克聚变测试堆（TFTR）。

阳　阳：聚变测试堆？这个名称听起来和以前的不太一样。

爷　爷：本质上看，它仍然是发生核聚变反应的托卡马克装置。只是美国建造托卡马克聚变测试堆（TFTR）的目的与以往有所不同。早期他们对托卡马克装置的研究，集中在验证其科学可行性，也就是说研究托卡马克装置是否有希望达到可控核聚变的反应条件。但是美国的研究目的不只在于此，他们希望能够在托卡马克装置中实现真正的氘氚反应。

科　科：如果托卡马克聚变测试堆（TFTR）能够实现氘氚反应，这将是磁约束核聚变领域发展的重要一步。

爷　爷：同一时期，欧洲也在探索着托卡马克装置中氘氚反应的突破。

阳　阳：那欧洲国家和美国，谁先完成了这一突破呢？

爷　爷：阳阳别急，我们先留个悬念，一会揭晓。我先介绍完托卡马克聚变测试堆（TFTR）。

阳　阳：好的，爷爷请继续。

爷　爷：经过三年左右的设计，1977 年，托卡马克聚变测
　　　　试堆（TFTR）动工，并且于 1982 年 12 月圣诞
　　　　节前夜，进行了第一次放电。

阳　阳：世界上第一台大型托卡马克装置开始运行，值得
　　　　庆贺！

考考你

世界上首台新一代大型托卡马克装置
诞生在哪个国家？

A. 苏联　　B. 美国　　C. 英国　　D. 中国

4

欧洲联合环（JET）：
世界上最大的
托卡马克装置

爷 爷： 虽然美国托卡马克聚变测试堆（TFTR）是第一台投入运行的大型托卡马克装置，但是欧洲国家比美国更早地开始设计新一代托卡马克装置，可惜中途由于选址问题导致计划搁置，直到1979年才开始动工。

阳 阳： 真遗憾，不然可能就是欧洲最先建成大型托卡马克装置了。爷爷，等一等……欧洲哪个国家呢？英国吗？

爷 爷： 阳阳，不是某一个国家噢，是一个由多国家构成的组织。20世纪50年代，法国、德国、意大利、荷兰、比利时和卢森堡六个国家已经成立了欧洲煤钢共同体，也就是欧盟的雏形。后来，这六个国家又成立了一个协同合作研究核聚变的联络小组。

阳 阳： 我明白了，欧洲各国把科技、人才、资金等多方面优势集中在一起，希望设计出一个大型的托卡马克反应装置。

爷 爷： 没错，20世纪70年代初，协议合作的实验室经过欧洲原子能共同体批准和提供经费支持后，开始着手建造一台跨国的大型托卡马克装置，即欧洲联合环，英文缩写为 JET。

科　科：欧洲联合环和美国、苏联的托卡马克装置有什么不同吗？

爷　爷：欧洲联合环在装置设计上有着巨大的创新。研究团队在圆形截面设计的基础上，提出了等离子体真空室采用 D 形截面的设计，不仅能够降低成本，还能大大提升托卡马克的性能。

阳　阳：我以为苏联 T-3 已经很先进了，没想到欧洲联合环还能进行创新呀。

爷　爷：攀登科学的高峰永无止境，科学家们在探索中不断优化现有成果，才能取得进步。

阳　阳：我明白了，爷爷！那您继续说说，如此先进的欧洲联合环还有什么领先之处吗？

爷　爷：欧洲联合环在设计之初就创造了一项世界纪录，到目前为止，它是世界上最大的托卡马克装置，它环状的反应堆镶嵌在一个直径约 15 米、高约 20 米的容器内。

阳　阳：我隐隐觉得，欧洲联合环与美国托卡马克聚变测试堆可以一较高下。

爷　爷：的确如此，这是当时世界上最先进的两大装置。

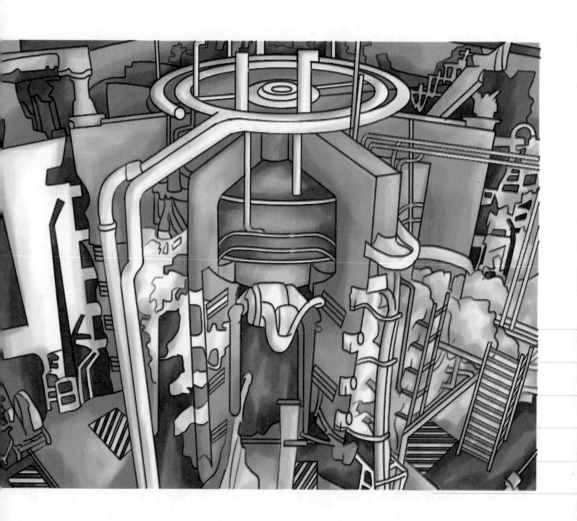

1983 年 6 月 25 日，欧洲联合环第一次启动。两个大型托卡马克装置之间的较量也从此开始。

考考你

欧洲联合环的等离子体真空室采用了哪种设计？

A. 圆形截面　　B. "8" 字形截面

C. D 形截面　　D. "一" 字形截面

5
TFTR 与
JET 的较量

爷　爷：介绍美国托卡马克聚变测试堆（TFTR）的时候，我们留下了一个悬念，阳阳还记得吗？

阳　阳：当然了。爷爷说，美国和欧洲国家都希望在新一代托卡马克装置内实现氘氚反应。

爷　爷：使用氘氚燃料是一个慎重的决定，因为氚具有放射性，中子的轰击也会使反应堆自身带有放射性。

科　科：这是个大问题。要知道，居里夫人在研究放射性元素的过程中，因为保护不当就遭受了严重的核辐射。如果氘氚组合具有放射性，托卡马克的工作人员也有很大可能遭受辐射而有生命危险啊。

爷　爷：科科的问题一针见血。为了解决这个问题，欧洲联合环（JET）利用遥控的机械手，代替研究人员完成维护和修复工作。

阳　阳：通过遥控技术进行外部操作，真是一项创新。那么究竟是谁领先一步，完成氘氚聚变反应的呢？

爷　爷：这一次，欧洲联合环（JET）取得了领先。1991年11月9日，欧洲联合环（JET）研究人员用

90% 的氘与 10% 的氚组成的等离子体进行放电。

在欧洲联合环（JET）的总控制室里，包括研究人员、政府官员、记者等在内的几百人，都在关注着实验的结果。

阳　阳：我也很紧张，结果怎么样？

爷　爷：欧洲联合环（JET）成功了，人类首次实现了氘氚聚变反应，并获得了具有重要意义的聚变能量。这次放电的能量峰值虽然仅维持了 2 秒，但仍然代表着人类跨入了点燃等离子体的时代！

阳　阳：太令人激动了，欧洲联合环（JET）又创造了一项世界纪录——首次实现氘氚聚变反应。

爷　爷：这次反应的聚变能量最大值达到 1.7 兆瓦，能量增益因子 $Q=0.15$。

阳　阳：人类首次氘氚聚变反应就产生了如此巨大的能量！还请爷爷解释一下什么是能量增益因子，我不太明白。

爷　爷：能量增益因子 $Q=$ 核聚变输出功率 ÷ 核聚变输入功率。我们知道，核聚变反应装置本身就是一个庞大的耗能装置，只有输出功率与输入功率的比值大于 1，才算真正实现了核聚变发电。

阳　阳：我懂了，如果 $Q<1$，这就是一个"费力不讨好"

的实验，更不能投入应用。可这一次聚变反应的能量增益因子只有 0.15，远远不到 1。

爷　爷：如果欧洲联合环（JET）使用的是 50∶50 的氘 - 氚混合燃料，那么估算 Q 值能够达到 0.5。随着实验装置和方法的改进，聚变反应的能量增益也会不断地提高。

阳　阳：欧洲联合环（JET）取得了如此巨大的成功，那么美国呢？一定不甘落后吧。

爷　爷：你说对了。1993 年 12 月，托卡马克聚变测试堆（TFTR）连续两天进行了 50∶50 的氘 - 氚聚变反应。它分别产生了 4.3 兆瓦和 5.6 兆瓦的聚变功率，远远大于欧洲联合环（JET）的输出功率，能量增益因子 Q 值达到 0.28，刷新了世界纪录。

阳　阳：美国的实验也很成功，可惜能量增益因子仍然没有达到 1。爷爷，后来的实验结果实现 $Q>1$ 了吗？

爷　爷：曾经有过。1997 年，欧洲联合环（JET）聚变反应创造了最新的世界纪录，聚变功率达到 16 兆瓦，能量增益因子 $Q=1.25$。这也从实验上证明了托卡马克实现可控核聚变发电是具有科学可行性的。你们说，这个参数的实现是不是托卡马克探索史上的里程碑呢？

阳　阳：是的！

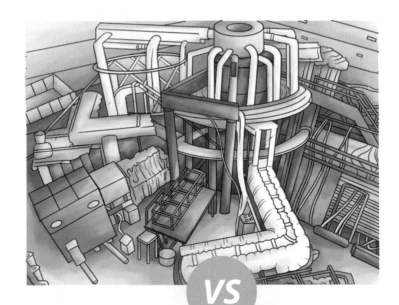

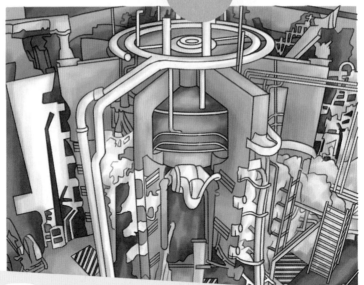

VS

考考你

哪个装置首次实现了氘-氚聚变反应？

A. T-3 B. JET C. TFTR D. EAST

6

后来居上的日本 JT-60

爷　爷：在 JET 和 TFTR 竞争的同时，还有一个国家加入到托卡马克研制竞赛中来，它就是日本。

科　科：日本一向重视科技领域的发展，加入核聚变研究不足为奇。

爷　爷：是的，而且我们都知道，日本国土面积狭小，以石油为主的能源 80% 都依赖进口，所以日本政府也非常看重石油代替能源的开发，以确保国家能源安全和稳定。

科　科：日本是从什么时候开始研究托卡马克的呢？

爷　爷：日本核聚变研究计划的第一阶段于 1965 年启动，那正是苏联 T-3 一鸣惊人的时候，日本当即决定投入托卡马克装置的建造和研究。

科　科：日本非常幸运地搭上了托卡马克黄金时代的列车。

爷　爷：没错。JT-60 是日本核聚变研究第二阶段计划的产物，它的建设目标非常明确，即建造一台达到临界等离子条件，也就是 $Q>1$ 的大型托卡马克装置。JT-60 于 1975 年投入设计，1978 年开始建造，1985 年投入运行。十年间，耗资 2300 亿日元。

阳　阳：我记得历史书上提到过，"二战"后，日本经济
　　　　发展得非常迅速，成为了亚洲首屈一指的发达国
　　　　家。我想日本完全能够负担得起爷爷所说的经费
　　　　支出。

爷　爷：阳阳的分析有道理，日本一直以来不吝啬科技研
　　　　发经费的投入。

科　科：爷爷，日本 JT-60 建成后，它的最初目标实现
　　　　了吗？

爷　爷：尽管出于政治敏感性因素考虑，JT-60 没有选择
　　　　放射性的氚进行实验，但是 JT-60 的成绩仍然非
　　　　常亮眼。在 JT-60 装置中进行的氘 - 氘反应实验，
　　　　换算到氘 - 氚反应，能量增益因子 Q 可以达到 1。

科　科：看样子 JT-60 即将追赶上欧洲联合环（JET）的
　　　　实验结果了。

爷　爷：在之后的研究中，研究人员在 1989~1991 年对
　　　　JT-60 进行了升级，全新升级后的托卡马克装置
　　　　叫作 JT-60U。在这一台托卡马克装置上，日本实
　　　　现了对欧洲联合环（JET）的反超。同样是通过
　　　　对氘 - 氘实验的结果推算，氘 - 氚反应能量增益
　　　　因子 $Q>1.3$。

阳　阳：JT-60U 创造了新的世界纪录！

爷　爷：是的。JT-60U 至今一直保持着聚变三重积的最高世界纪录，即反应温度、反应物密度、约束时间的成绩，这个参数直接反映了磁约束核聚变实用化的可能性。

阳　阳：20 世纪 90 年代的大型托卡马克大放异彩，听得我好激动。

爷　爷：所以说，这是托卡马克发展的黄金时代。欧洲联合环（JET）、美国托卡马克聚变测试堆（TFTR）、日本 JT-60，这些装置的建设和运行经验为核聚变研究打下了良好的基础。

考考你

至今聚变三重积的世界纪录保持者

是以下哪台装置？

A. JET　　B. JT-60U

C. TFTR　D. EAST

7

昙花一现的苏联 T-15

爷　爷：20 世纪 70 年代，世界各地核聚变研究所都陆陆续续建立了各式各样的托卡马克装置，作为托卡马克诞生地的苏联，始终也没有停下研制托卡马克的脚步。

阳　阳：苏联的托卡马克再次取得了什么成就？

爷　爷：今天我给你们介绍一下苏联研究托卡马克的历史脉络，虽然苏联没能制造出像欧洲联合环（JET）和日本 JT-60 一样享誉世界的大型托卡马克，但是仍然为可控核聚变研究做出了巨大的贡献。

科　科：爷爷，苏联的托卡马克装置研究是不是受到了政治环境的影响啊？

爷　爷：可以说，有一定关联。20 世纪 90 年代，苏联经济环境发生巨大变化，严重影响了科研经费的投入。1996 年，政府的科研拨款为 23.3 亿美元，仅相当于 1991 年的 15.4%。

科　科：我想，那个时候科研机构的日子一定很难过吧。

爷　爷：你猜测得对，由于缺少资金支持，许多科研设备、仪器无法更新和补充，有的机构甚至没有钱订阅

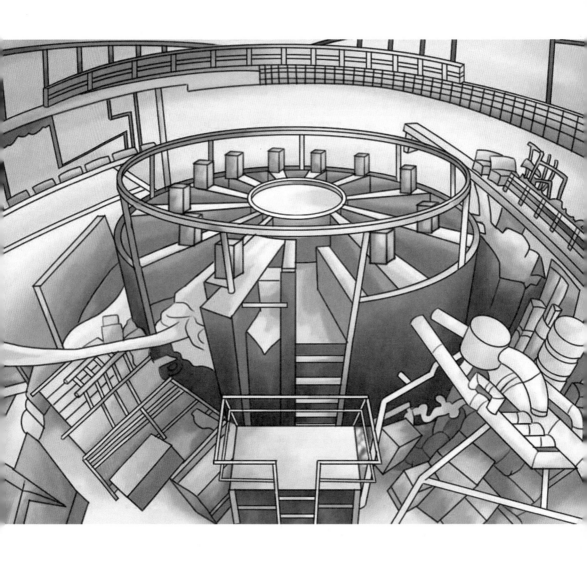

专业期刊，很多重点实验室濒临关闭。与此同时，

苏联的科研队伍也受到巨大冲击，人才流失严重。

科 科：那托卡马克的研究是否受到影响了呢？这可是苏

联政府高度关注的项目。

爷 爷：20 世纪 90 年代，托卡马克大装置研究不可避免受到影响。不过在此之前，苏联的研究还是取得了一些重要进展。

阳　阳：爷爷快继续讲。

爷　爷：之前我们讲到，20世纪70年代中期，美国、日本、欧洲都投入了大量经费，用于研究托卡马克大装置，这一时期，苏联改进了T-10托卡马克装置。在当时，提高等离子体温度仍是研究的重中之重。苏联T-10托卡马克是最后一个只考虑欧姆加热设计的装置，并且T-10的任务是开始进行辅助等离子体加热技术的研究。

阳　阳：接下来呢？

爷　爷：再后来，苏联科学家阿奇莫维奇和沙弗拉诺夫提议，为了提高托卡马克装置的稳定性，采用拉长等离子体截面的办法。由此，苏联建造了一系列非圆截面的托卡马克，包括T-9、T-8、T-12、TBD等。这为苏联建造大型托卡马克装置T-15，积累了丰富的经验和研究成果。

阳　阳：T-15是一个怎样的托卡马克装置呢？

爷　爷：T-15虽然没有另外三个"巨无霸"体型庞大，但它是一个超导磁系统的托卡马克装置，具有超凡的领先意义。但是受到苏联国内政治和经济环境的影响，T-15 面临着严重的资金和物质压力，直到 1988 年才完工，在某种程度上已经落后于欧美国家的研究进度。

阳　阳：T-15 有没有打破什么世界纪录呢？

爷　爷：很可惜，它并没有。由于资金短缺，T-15 于 1995 年关闭。在短暂的实验生涯中，T-15 只完成了 100 次放电，达到了在注入功率为 1.5 兆瓦、电流为 1 兆安时，维持了 1 秒的高温等离子体放电。所以说苏联 T-15 就像昙花一现，留给世人很多遗憾，这些遗憾也只能由全球的科研团队来弥补。

阳　阳：T-15 真的是太可惜了，如果持续运行并研究，说不定能够在超导磁体研究领域取得突破呢。

爷　爷：因此，强盛的综合国力和稳定的社会环境，是科研进步的重要保障。我国虽然核聚变研究起步晚，但是在政府的大力支持下，逐渐进入了世界第一跑道。

考考你　以下关于苏联 T-15 装置的说法哪项是正确的？

A. T-15 并未完成建造

B. T-15 在建造过程中仍然有充足的经费支持

C. T-15 是一个拥有超导磁系统的托卡马克装置

D. T-15 创造了新的世界纪录

8
重大突破:
超导助力托卡马克

爷　爷:研究发展至当下,超导技术和材料的应用对于托卡马克装置研究和可控核聚变发展具有重要意义。

阳　阳:爷爷,什么是超导?

爷　爷:科科,你应该学习过超导知识,给阳阳介绍一下。

科　科:超导是指某些物质在一定温度,一般为较低温度条件下,电阻降为零的性质,最初由荷兰科学家 H.卡末林·昂内斯意外发现。他将汞冷却到-268.98摄氏度时,发现汞的电阻突然消失,后来他又陆续发现许多金属和合金都具有这种特性,于是他将这种状态称为"超导态"。人们把超导状态下的导体称为"超导体"。

阳　阳:导体中没有了电阻,电流就能够毫无阻拦地通过了,是这样吗,哥哥?

科　科:没错,如果导体中有很大的电阻,电流通过时会产生很高的热量;超导材料的发现能够使电流流经超导体时,不产生热损耗。我想托卡马克装置中有着大量的线圈,如果使用铜导体或其他非超导材料，一定会产生很大的热量。

爷　爷：科科的解释和分析非常正确。在磁约束核聚变装置中，我们通过磁场来约束核聚变燃料，而磁场又是通过电流产生的。所以科学家们一直面临着一个问题：托卡马克中线圈数量多，普通铜线圈不仅体积庞大，而且在通电时会产生很高的热量，有可能损坏托卡马克装置。所以，在超导材料应用于托卡马克装置之前，只能做短暂的脉冲运行，并且耗电量巨大。

阳　阳：这么说，把超导材料应用于托卡马克装置中，一举两得！不仅能够降低热损耗，保护反应装置，还能够尝试更长时间的通电运行。

爷　爷：阳阳反应很快！就是这个道理。

阳　阳：爷爷，刚刚介绍苏联 T-15 托卡马克装置时，我记得您说过，它就是一个超导磁系统的托卡马克。

爷　爷：没错，世界上第一个超导托卡马克装置诞生于苏联，但不是 T-15，是 20 世纪 70 年代末建成的 T-7。后来，苏联将 T-7 装置赠送给我国，帮助了我国超导托卡马克的研究和发展。

阳　阳：超导材料的应用将托卡马克装置发展向前推进了一大步。

爷　爷：是的，T-7 和 T-15 托卡马克装置只是部分应用了超导材料，其余线圈使用的还是普通导体。

阳　阳：为什么不全部使用超导材料呢？我相信，全部使用超导材料的托卡马克一定会有更好的实验结果。

爷　爷：你说的道理正确，但是超导材料的使用会大大增加成本，同时超导材料使用工程难度较大。鉴于这两方面原因，苏联的 T-7 和 T-15 都没有建成全超导托卡马克。科科，阳阳，还记得我带你们去参观的 EAST 大装置吗？想想我是怎么给你们介绍的？

科　科：我记得，EAST 是我国自行设计研制的世界上第一个"全超导非圆截面托卡马克"核聚变实验装置。

阳　阳：我也想起来了，第一个全超导托卡马克是由我们中国科学家研制的！

爷　爷：对，在超导托卡马克装置研究领域，我国科学家迈出了一大步。明天我就来详细给你们介绍中国的可控核聚变研究历程。现在，我们回家！

超导材料应用于托卡马克装置中的优势有哪些？（多选）

考考你

A. 电阻为零，避免线圈发热

B. 有利于托卡马克长期运行

C. 降低成本

D. 降低工程难度

齐心协力"种太阳"：国际核聚变实验合作计划

5

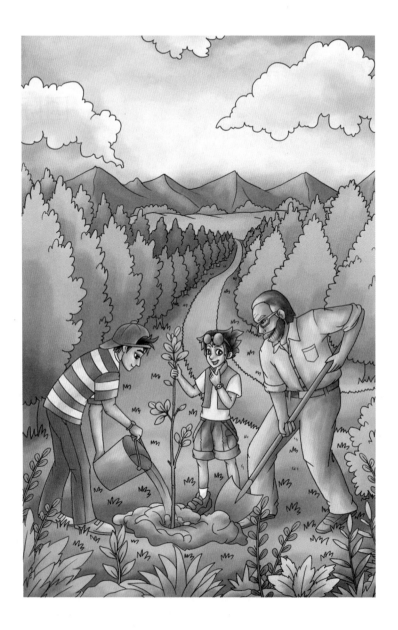

爷爷的生日快要到了，科科和阳阳想送爷爷一份可以长久存放、有纪念意义的礼物，但一时没有什么好想法。过了几天，科科告诉阳阳，他有了一个好主意：送爷爷一棵树。原来，科科的同学过生日时，家人就送了他一棵树。在郊区的林场中选一棵自己喜欢的树苗，亲手种下去，可以经常过来看望它。阳阳听了，说道："哥哥，这个礼物很棒！我们送给爷爷一棵常青树，既环保又有新意，爷爷肯定喜欢，而且也不会责怪我们乱花钱。"于是兄弟俩就把礼物确定下来了。爷爷生日的这天，祖孙三人一起来到林场，爷爷果然对这份礼物很满意。等到选好了树苗，三人挖坑，培土，浇水，忙得不亦乐乎，终于一棵小小的冬青树挺立在阳光中。爷爷说："你们的礼物具有环保意义，除此之外，通过今天下午的劳动你们还有其他感受吗？"科科喘着气说："爷爷，虽然很累，但我很有成就感。"阳阳："我们一起种好了树，这说明众人齐心协力必能做成事。"爷爷："正是这个道理！无论是生活还是科学研究，都离不开集体的合作啊！"

1
ITER 计划的诞生

科　科: 爷爷，您的意思是，我们集体种树，也有人集体"种太阳"？

爷　爷: 咱们种树几个人够了，而"种太阳"这个任务可不是这样，需要全世界的国家齐心协力才能继续下去。

阳　阳: 有哪些国家参与了？我们中国在其中吗？

爷　爷: 咱们在说我国的贡献之前，得先介绍一下这个国际合作项目，它被称为"ITER 计划"。

阳　阳: ITER？这几个字母是什么意思？

爷　爷: 这个计划的中文全称是"国际热核聚变实验堆计划"，"ITER"是"国际"（International）、"热核"（Thermonuclear）、"实验"（Experimental）、"堆"（Reactor）四个英文单词的首字母缩写。这是目前全球规模最大、影响最深远的国际科研合作项目之一，目标就是验证和平利用聚变能的科学和技术的可行性。

科　科: 这么宏大的计划设想是谁先提出来的呢？

爷　爷: 1985 年，作为结束美国和苏联之间的冷战的标志性行动之一，苏联领导人戈尔巴乔夫和美国总统里根在日内瓦峰会上倡议，由美、苏、欧、日共同启动该计划。

2

ITER 计划的发展

科 科：最初中国并没有参与吗？

爷 爷：是的。该计划刚开始仅确定由美、苏、欧、日四方参加，独立于联合国原子能委员会之外，总部分别设在美国、日本、欧洲国家三个地方。

科 科：后来呢？如果仅有四方参与，这个科研项目的规模远远达不到全球最大吧？

爷 爷：这一项目也是历经波折啊，有段时间甚至四方都凑不齐！由于当时的科学和技术条件还不成熟，四方科技人员于 1996 年提出的 ITER 初步设计很不合理，要求投资上百亿美元。1998 年，美国出于政治原因和国内纷争，以加强基础研究为由，宣布退出 ITER 计划。

科 科：其他三方是什么样的反应呢？

爷 爷：欧盟、日本、俄罗斯继续坚持合作了，并且基于
20 世纪 90 年代核聚变研究及其他高新技术的新
发展，对实验堆的设计进行了大幅度修改。

阳 阳：那……那最后有没有成功呀？感觉要花好大一笔
钱呀。

爷 爷：当然，"种太阳"哪有那么简单呢，光是前期设
计研发等就耗资 15 亿美元。

阳 阳：哇，15 亿美元，真是天文数字！

科 科：参与国的科学家们算是在艰难中前行。

爷 爷：是的，万事开头难，ITER 计划前期不仅参与国
家少，花费巨大，而且当时的科技水平还不足以
支撑反应堆的顺利建成。

科 科：那 ITER 计划什么时候完成的呢？

爷 爷：从提出建设，到反应堆基本设计结束，前后经历
了 15 年，在 2001 年的时候，ITER 工程设计才
完成。

阳 阳：15 年好长呀，我都可以大学毕业了，而科学家们
还在坚持，真令人敬佩。

爷 爷：哈哈，15 年对于科科、阳阳来说是很长啊，但是
对于人类科技长河来说只是其中的一小段呢。

科　科：那设计完成了，就应该开始"种太阳"了吧！到底怎么"种太阳"呢？

爷　爷："种太阳"这么复杂的工作，ITER 计划当然得分步来实施。首先就是要建造一座可自持燃烧（即可以自己"点火"）的托卡马克核聚变实验堆，并尝试在这一计划的基础上设计、建造与运行聚变能示范电站（DEMO），以便对商用聚变堆的物理和工程问题深入探索。

阳　阳：我觉得这么伟大的工程一定得全地球的人类都参与进来，一同努力。

爷　爷：哈哈哈，傻孩子，整个地球大约有 70 亿人呢，不会都需要这么多，不过 ITER 计划的确动用了大量人力。

科　科：主要有影响力的国家应该都参与进来了吧？

阳　阳：我们中国肯定也是主力国家！

爷　爷：当然啦，反应堆前期设计完成后，各方又重聚一堂，开始讨论如何继续推动这一伟大的计划。

科　科：哪些国家呢？

阳　阳：我猜有中国、美国、俄罗斯、英国、法国、日本……

爷　爷：阳阳还知道这么多国家呢，阳阳说得很对，前期准备结束后，各方开展会谈，除了中国、日本、韩国、俄罗斯、美国、印度，还有一个不是国家，是国际组织，欧盟。

科　科：有国际话语权的国家都参与进来了。

爷　爷：哈哈，没有错，这就是所谓的"七方会谈"嘛。这七个国家或联盟所代表的人数，覆盖了全球接近一半的人口，对人类未来真的是影响远大。

科　科：ITER 计划的参与方很多，且影响范围很广，那其中各方利益纠葛应该是非常复杂的吧？

爷　爷：是啊，各方利益交错，暗流涌动，仅仅只是合作谈判，就耗费了长达 5 年的时间，最终七方在 2006 年正式签署联合实施协定，启动 ITER 计划。

阳　阳：哇，又是 5 年过去了，ITER 计划从准备到启动就花费了 20 年的时间，真的很久呀！那爷爷，这期间有没有什么有趣的事情发生？

爷　爷：要说最有趣的事，应该就是反应堆选址的问题。

阳　阳：我知道，选址的意思就是选择在哪里做这个研究！

科　科：近水楼台先得月嘛，何况是对于人类未来有着重大意义的项目。

爷　爷：哈哈哈，关于选址的竞争，可谓是"你方唱罢我登场"。

科　科：应该有很多国家竞选吧？

爷　爷：最初，ITER 计划的参与方中欧盟的西班牙、法国以及日本和加拿大都提出了申请。

科　科：那怎么进行筛选呢？

爷　爷：主要还是依据其背后的支持方。四个候选国家经过多轮谈判较量后，西班牙和加拿大退出。日本提出的青森县六所村和法国提出的南部马赛附近的卡达拉舍成为最终入围的两个候选地址，这两个候选地址各有特色，分别得到了国际热核聚变实验计划不同参与方的支持。

阳　阳：是怎么划分派别的呢？

爷　爷：美国、韩国、日本主张在日本六所村修建，而欧盟、俄罗斯和中国支持在法国卡达拉舍修建。

科　科：那这怎么做决定呢？

爷　爷：政治因素对最终结果起到了决定性作用。当时的美国总统布什在成功连任后出于政治考虑改变了立场，他想赢得欧洲的支持，美国因此最终采取中立态度，这使得日本失去了重要的政治砝码，反应堆最终花落法国。

阳　阳：听起来很精彩呀。

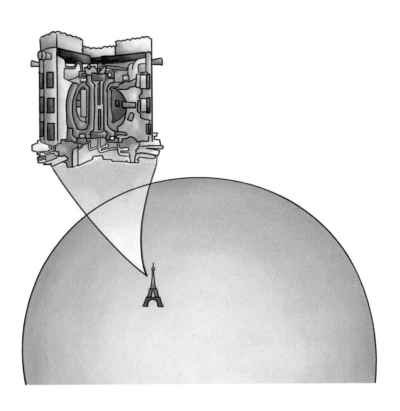

科　科：日本会这么轻易放弃竞选吗？

爷　爷：当然不会。多方会谈后，日本"放弃"竞争的交换条件是，建立在法国的国际热核聚变实验堆项目总部中将有高达 20% 的工作岗位提供给日方；此外，日方的原料供应商也将分得该项目的一大杯羹。

科　科：那日本在项目中也是收获满满呀。

爷　爷：是啊，法国所在的欧盟为此也做出了相应的付出，尤其是资金方面。

科　科：ITER 计划资金难道不是所有国家平均分摊的吗？

爷　爷：当然不是啦，在 ITER 建设总投资的 50 亿美元中，欧盟贡献近 46%，美、日、俄、中、韩、印各贡献约 9%。也就是相当于欧盟承担了近一半的建设费用。

科　科：果然是有得必有失，那咱们中国投入了多少资

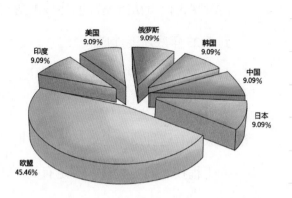

金呢？

爷　爷：根据协议，中国贡献中的 70% 以上由我国制造的 ITER 部件折算，10% 由我国派出所需合格人员折算，这样剩下需支付的外汇，只有不到 20%。

科　科：看来大家都是相互妥协让步，最终才达成了协议。

爷　爷：是的，2006 年 5 月，国家科学技术部代表我国政府与其他六方一起，在比利时初步签订了《国际热核聚变实验堆（International Thermonuclear Experimental Reactor）联合实施协定》。ITER 计划从这一刻起，实质上进入了正式执行阶段。

阳　阳：光准备就需要这么长的时间呀，那科学家们现在进展到了哪个阶段？

爷　爷：ITER 工程原本计划是建造 10 年，运行和开发利用 20 年，去活化 5 年。

阳　阳：那我知道了，一共 35 年！现在肯定建造成功了。

爷　爷：还没呢，位于法国南部的热核聚变实验堆预计要到 2025 年底才能建成。

科　科：科学家们经常说，距成功永远还有 30 年。看来 ITER 计划也是这样啊！

爷　爷：大家会有这种感知主要还是与早期对核聚变科学和工程技术的挑战认识不足有关。就像第一颗原子弹爆炸成功后不到 10 年，核裂变就实现和平利用。因此氢弹爆炸成功后，人们在当时的条件下认为受控核聚变能在二三十年之内实现。但随着研究的深入，大家渐渐发现有很多科学技术问题待解决。

科 科：越发展越发觉科学的深奥，越觉得自己的不足。

爷 爷：是的，但值得庆幸的是前期的科学可行性问题已得到解决，大家只要众志成城就能攻破一个又一个科学难题，人类核聚变商业化的未来是光明的。

阳 阳：嗯，爷爷说得有道理！但是我想知道咱们国家做了什么？在这个计划里，中国是不是那种指挥级别的？

爷 爷：哪有什么指挥不指挥的，各方协商合作共同进步，但中国在这个计划中确实承担很重大的责任和义务，也从合作中得到了快速的进步。

科 科：我知道，之前说过，我国最近初步建成了首个与 ITER 位形相似但规模小很多的全超导托卡马克 EAST。

爷 爷：哈哈，是这样的，科科记得很清楚。我国的核聚变研究经历了较为艰难曲折的过程，但最终取得了较为突出的阶段性胜利。在 ITER 计划中，我国扮演了重要角色，在建造阶段，我国承担了ITER 约 9% 的采购包制造任务，包括 ITER 的关键核心部件，而且在完成质量和进度方面位于七方中的前列。

阳　阳：中国真棒！

爷　爷：ITER 计划是目前世界上仅次于国际空间站的又一个国际大科学工程计划，它集成当今国际上受控磁约束核聚变的主要科学和技术成果，首次建造可实现大规模聚变反应的聚变实验堆，将研究解决大量技术难题，是实现聚变能商业化必不可少的一步，也是人类受控核聚变研究走向实用的关键一步，因此受到各国政府与科技界的高度重视和支持。我国在这一计划中做出了贡献，不仅带领我国核聚变科研事业实现突破，而且也为国际科学事业添砖加瓦。

阳　阳：听起来好厉害呀，我以后也要参与这样伟大的事业！

爷　爷：那你要好好学习科学知识呀，现在中国在核聚变上的成就是我们这一代人和你们爸爸妈妈这一代人共同努力打造的，虽然取得了阶段性胜利，但前路依旧漫漫，就需要科科和阳阳接手科学的火炬，继续探索前行呀！

科 科: 嗯！

阳 阳: 嗯！

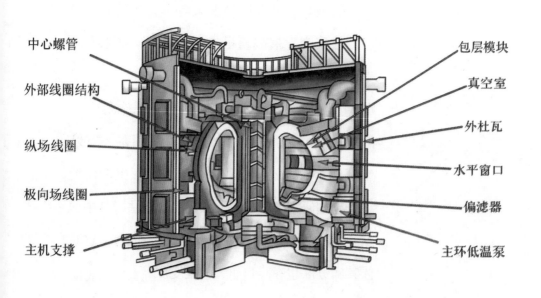

中心螺管

外部线圈结构

纵场线圈

极向场线圈

主机支撑

包层模块

真空室

外杜瓦

水平窗口

偏滤器

主环低温泵

3

ITER 之外：
核聚变发展之路

爷　爷：ITER 计划作为一个国际合作的大工程计划，是各国携手在核聚变路上共同推进的。但除了这项"小组作业"之外，各国也有自己的核聚变研究"作业"需要完成。

阳　阳：自己还有作业？意思是各国在自己国家里也在进行核聚变的研究？

爷　爷：正是。世界主要聚变研究国家都在积极制定聚变发展战略，从各国情况来看，大家目前所考虑的核聚变发展战略虽然有差异，但基本方向是一致的。

科　科：那各国发展核聚变具体都采取了哪些措施呢？

爷　爷：我们就先从最厉害的美国说起吧。美国在"二战"结束几年后，就开始秘密开展受控核聚变研究了。早期研究集中于磁约束聚变的方法，其中包括我们前面介绍的仿星器、磁镜和箍缩等。这时候其实苏联也在暗自研究核聚变。

阳　阳：两个国家是在暗地里比赛吗？

科　科："二战"结束时，美国和苏联处在"冷战"状态，而且还开始了军事装备竞赛，这么做也没什么奇怪的。

爷　爷：双方私下里都想自身有所突破、战胜对方。但是到了 1958 年，两国的科学家意识到，保密不利于科学研究的进展。只有进行国际学术交流，才能推进聚变研究。于是这一年，在瑞士日内瓦举行了第二届和平利用原子能国际会议，英国、美国和苏联互相公开了研究计划。

阳　阳：那美国是怎么发展核聚变的呢？

爷　爷：开始的时候，美国重点研究托卡马克聚变实验堆项目，20 世纪 70 年代，这项研究的经费一次性增长了 10 倍。到了 1968 年，美国发起采用国际合作方式发展核聚变的号召，加入了 ITER 计划的概念设计阶段。

阳　阳：那后面美国退出了 ITER 计划，这些项目还在继续吗？

爷　爷：当时美国主要托卡马克装置的科学项目已经大幅减少了，一些重大技术项目被中止，国家实验室损失了大批科研人员。

阳　阳：真可惜啊，这中间凝聚了很多人的心血。

爷　爷：好在 2000 年之后，美国核聚变事业又有了新进展。

美国聚变计划开始向燃烧等离子体方向推进，并且决定重返 ITER 计划。

阳　阳：那现在美国的研究进展到哪一步了呢？

爷　爷：还记得我们之前介绍过的实现可控核聚变的方法之一——惯性约束吗？它的原理是利用多路强激光同时轰击一个由核聚变原料做成的小球。沿着这个新思路，直到 2009 年，耗资 35 亿美元的美国国家点火装置（NIF）建成，科学家终于看到了激光核聚变实现的可能性。该装置原计划在 2012 年点火，美国政府还为此制定了 2030 年实现激光聚变堆商用化的蓝图。

科　科：如果真的能实现理想情况，那对于国际核聚变事业来说将是一大进步。

爷　爷：但事实上，NIF 项目进展并非想象得那般顺利，NIF 研究团队点火的时间曾一推再推。最近，我看到一些进程报道，称 NIF 研究团队已经将激光对准了真正的燃料球，实验更进了一步，点火靶球却在极端的温度和压力下屡次过早破裂。

科　科：也就是说，研究再次停滞了！伟大的科学进程都是在反复试错中前进的。

爷　爷：是啊，所以大家都说，美国国家点火装置的麻烦

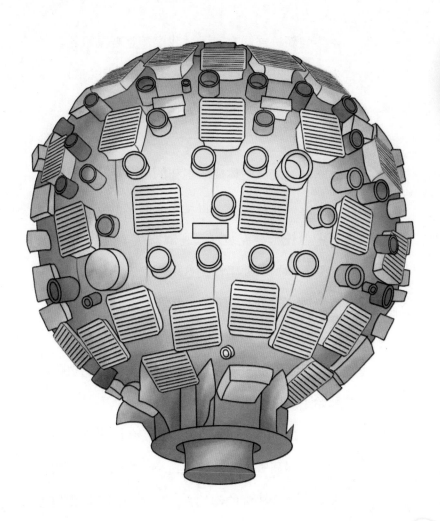

始终与新进展同在，不过我们还是要秉承希望，人类是可以克服种种困难，达到光明的未来的。

阳　阳：当初和美国竞赛的苏联现在核聚变研究发展得怎么样了？

爷　爷：苏联分裂之后主体成了现在的俄罗斯。俄罗斯的核聚变事业在国际上也是领先的。从苏联研制出第一台托卡马克装置，到俄罗斯始终参与 ITER 计划并承担重要工作，这个国家为热核聚变能源早日造福人类做出了重要贡献。

阳　阳：俄罗斯是从什么时候开始研究核聚变的呢？

科　科：应该是在美苏争霸时期吧，双方为了制造氢弹都开始了热核能源研究。

爷　爷：没错，20 世纪 40 年代初，苏联专门成立了一个从事氢弹研究的专家小组，小组成员中有人后来成为核聚变研究的创始人。也是他们首次提出了建造对等离子体进行磁约束的热核反应堆的可能性。因此，第一台托卡马克在苏联诞生了，专家们在之后不断进行改进，建造新的托卡马克装置。

阳　阳：他们开始得这么早，现在有什么重大突破吗？

爷　爷：俄罗斯虽然在苏联时期对核聚变研究有大量投入，但后来由于国际形势变化，国内经济萎缩严重，国家财政困难，因此科研经费严重下降。这样又导致科研人才流失到国外。这些都打击了核聚变事业。

科 科：历史有时候是相似的，即使是在两个不同甚至对峙的国家。

爷 爷：但让人庆幸的是，进入新世纪，俄罗斯的政治环境稳定了之后，重拾多项大型国际合作科学研究，ITER 计划就是其中一项。这项预算支出占据俄罗斯热核计划全部预算的 80% 左右。核聚变研究逐渐有了成果。

科 科：具体有哪些成果呢？

爷 爷：俄罗斯的 T-3、T-4 托卡马克装置在世界范围内引起了研究托卡马克的热潮，这些装置的总体参数是当时国际上最高的，可以说它们是现代磁约束研究得到全面发展的火种。后来还有 T-10、T-7、球形托卡马克等装置。

阳 阳：听起来俄罗斯在核聚变装置方面走在世界前列呢！

爷 爷：其实不止装置方面，还记得我们前面提到美国正在研究激光核聚变吗？其实这个想法最早是由苏联提出的，20 世纪 60 年代时列别捷夫物理研究所已经建造了当时世界最大功率的激光系统。在 2005 年，俄罗斯科学家使用激光成功地获得了温度高达 10 亿摄氏度的核火球，在惯性聚变研究领域取得了令人瞩目的进展。

科　科：从核聚变事业的发展可以看出，科学事业需要合作才能出成果，比如激光核聚变，虽然由苏联提出设想，但正是美国和苏联一起推进了研究进展。

爷　爷：正是这个道理！科学无国界，虽然现代社会中经济、政治等多种因素对科学事业产生了外部影响，但科学只有共享才能进步的原则应该成为共识。不应该让一些狭隘的意识观念阻碍科学的发展。

中国的"种太阳"之路：中国核聚变研究历史与成果

电视里正在播放庆祝中华人民共和国成立 70 周年的阅兵仪式，伴随着激动人心的音乐，看着一排排装备精良的武器依次亮相，科科连声赞叹："我们的祖国太伟大了，短短几十年就在科技领域取得了这么大的成就！"一旁的阳阳听了，也开心地手舞足蹈道："是啊，是啊，爷爷说我们国家可控核聚变的技术也是世界领先的呢！"话音刚落，爷爷拿着一本相册从卧室里走出来，拍了拍阳阳的小脑袋，笑眯眯地说："在追逐'人造太阳'的路上，我们国家能从追赶者成长为领跑者，也是经历了一段从无到有创业难的艰辛历史啊。" 翻开相册，里面贴满了中国核聚变研究在各个时期的照片，对着照片，爷爷如数家珍地介绍起了中国的"种太阳"之路。

1
中国第一台
托卡马克问世

爷　爷：孩子们，你们知道中国第一台托卡马克诞生在哪里吗？

科　科：爷爷我知道，是在北京。

阳　阳：哥哥你说得不对，是在合肥。

爷　爷：你们说得都有道理，我们国家第一台托卡马克叫作北京托卡马克 6 号，简称 CT-6，是由中国科学院物理研究所和电工研究所在 1974 年联合研制的。但是，早在 1973 年，中国科学院就决定在合肥建设"合肥受控热核反应研究实验站"了。1978 年，中国科学院正式在合肥成立了等离子体物理研究所。

科　科：这个研究所主要从事哪些工作呢？

爷　爷：你们看，这是 HT-6B 的照片。等离子体物理研究所成立后，就开始对合肥受控热核反应研究实验站建造的托卡马克 6 号装置进行改造，1980 年，改造后被称为 HT-6A 的装置开始运行，过了一年多的时间，科学家们对 HT-6A 的纵场线圈和真空室等主要部件重新进行加工。于是，HT-6B

诞生了，1983~1993 年，它总共运行了 10 年。

阳　阳：爷爷，那这样看来，研究所的科学家们的工作就是不断地改造托卡马克装置啦？

爷　爷：当然不是了。等离子体所的科学家们在对托卡马克 6 号装置进行改造的同时，还进行着一项更大的核聚变实验装置的设计工作，并在 1984 年底完成了装置的建设，它就是 HT-6M。在 1986 年中国科学院召开的装置鉴定会上，专家们一致认为，HT-6M 装置的性能已经达到了 20 世纪 80 年代同类装置的国际水平。

科　科：那么除了合肥，我们国家还有哪些地方在建设托卡马克实验装置呢？

爷　爷：国内受控核聚变除了合肥还有一个基地，那就是位于成都的核工业西南物理研究院，1984年这个研究院建成了当时我国规模最大的托卡马克装置——中国环流器一号（HL-1）。当然了，除了这些科研院所，国内还有一些大学也在开展托卡马克的相关研究。比如，1984年中国科学技术大学建成的KT-5小型装置、2002年底清华大学建成的托卡马克SUNIST等。

考考你

我国第一台托卡马克实验装置叫什么？

A. CT-6

B. HT-6A

C. HT-6M

2
HT-7 装置
的前世与今生

爷　爷：说起来我们国家的核聚变研究之所以能够跻身世界核聚变研究的前列，除了科学家们共同的努力，也离不开苏联的帮助。

阳　阳：苏联？它是怎么帮助我们的呢？

爷　爷：我们知道 HT-7 是我国第一台超导托卡马克装置，而它的前身 T-7 托卡马克装置正是苏联赠送给我们的。T-7 可是当时世界上第一台超导托卡马克装置呢，只是在它建成后不久，苏联又建造了更大的 T-15 装置，所以苏联就把 T-7 送给了我国。

科　科：那 T-7 是怎么变成 HT-7 的呢？

阳　阳：一定是科学家们对它进行了改造！

爷　爷：对！1990 年 10 月，我国引进了 T-7 装置后，等离子体物理研究所的科学家们对 T-7 装置和它的低温系统进行了根本性的改造。前面说过，科学家们会设计大大小小的线圈来稳定磁场的位置和形状，同样，在这里，科学家们也将 T-7 原来的 48 个纵场线圈合并改造成了 24 个，同时还重新设计、制作了新的真空室，增加了 34 个窗口等，这些改造使得一个原本不具备物理实验功能的 T-7 装置变成了一个可以开展多种实验的先进装置。

科　科：既然科学家们做了这么多的改造工作，那 T-7 装置一定取得了很多的实验成果吧？

阳　阳：哥哥你说错啦，爷爷刚才说了，改造后的 T-7 装置有了一个新的名字，叫 HT-7。

爷　爷：是的，HT-7 的 "H" 代表着合肥。它在 1995 年投入运行，2012 年 10 月 12 日进行最后一次放电实验后正式 "退役"。在它运行期间，总共进行了将近 20 轮科学实验，放电 10 万多次，取得了多项工程和物理上的重要成果，尤其是 2003 年 3 月 31 日，HT-7 装置获得了超过 1 分钟的等离子体放电，这项成果意味着我国成为继法国之后世界上第二个取得这一成就的国家，这标志着我国的核聚变研究跨上了一个新台阶，也大大地提升了我国在磁约束核聚变研究领域的地位。

考考你

HT-7 的前身是什么？

A. T-15

B. T-7

C. CT-6

3

东方超环（EAST）
成功领跑

爷　爷：要想实现核聚变，实现半超导还不够，一定要做全超导，全世界的科学家们都在朝着这个方向努力，我们国家也不例外。经过 10 年的努力，等离子体物理研究所的科学家们终于在 2006 年建成了全超导的 EAST，中文名叫东方超环，你们看，这就是它的主机装置。

阳　阳：它好像一只大蜘蛛啊！

爷 爷：是啊，这是一只充满了科技感的"蜘蛛"。它的
总质量有 400 多吨，中间是圆柱形的大型超导磁
体，由 D 形的超导线圈环绕而成，实验时，超导
形成的磁约束，让等离子体成为悬在空中的一团
火球，不断加热，达到上亿摄氏度的超高温。

科 科：那它周围这些伸出来的像腿一样的机器是用来做
什么的呢？

爷 爷：这些"伸出来的腿"包括了它的高功率波加热、
中性束注入、低温制冷、高功率电源等离子体诊
断和遥操作维护等系统，它们是维持 EAST 装置
运行的重要组成部分。

科 科：建造 EAST 装置的难度大吗？

爷 爷：是的，难度非常大，我们国家提出要建造全超导
托卡马克的时候，世界上还没有同类型的装置。
过去，托卡马克装置多半是圆截面，我国的科学
家们进行了一个大胆的尝试，建造一个全超导、
非圆截面的托卡马克。这在当时很多外人看来，
简直是"天方夜谭"，但是科学家们没有放弃，
EAST 装置从 2000 年开工到 2005 年完成总装，
我国基本实现了它的设计、研制、加工和安装自
主化。

阳　阳：和别的托卡马克装置相比，EAST 装置的先进性体现在哪里呢？

爷　爷：EAST 装置由超高真空室、纵场线圈、极向场线圈、内外冷屏、外真空杜瓦、支撑系统等六大部件组成，它内部的 30 个线圈均采用了超导材料。它的成功建造和运行，为我国磁约束核聚变研究提供了极大的便利。2012 年，EAST 获得 411 秒 2000 万摄氏度高温等离子体持续放电，这是托卡马克核聚变实验装置连续运行最长时间的世界纪录；2017 年 7 月，EAST 实现了稳定的 101.2 秒长脉冲高约束等离子体运行，创造了新的世界纪录。这些都使得我国在核聚变这个全球竞争的科学领域中，一直处于领先地位。

考考你

世界上第一台全超导托卡马克叫什么？

A. EAST

B. HT-7

C. CT-6

4
中国聚变的明天

爷 爷：孩子们，你们看，这是中国聚变工程实验堆（CFETR）的建筑群效果图，它是我国正在建设的下一代超导聚变堆研究的重大项目。

科 科：既然已经有了 EAST 全超导托卡马克装置，为什么还要再建一个新的装置呢？

爷 爷：EAST 装置为科学家们进行核聚变科学实验研究提供了平台，而如何将科学研究走向实用化，CFETR 给出了新的答案，这个装置将是中国新一代的超导托卡马克聚变工程实验堆。它以实现聚变能源为目标，直接瞄准未来聚变能的开发和应用，将建成世界首个聚变实验电站。

阳 阳：和 EAST 相比，CFETR 新在哪些地方呢？

爷 爷：相比 EAST，CFETR 在两个方面展现了极大的先进性：一方面是实现稳态或长脉冲"燃烧"等离子体，在其生命周期内有效运行时间有了极大幅度的提升；另一方面是未来 CFETR 能够实现氚的自给自足，这也使它更加实用化。

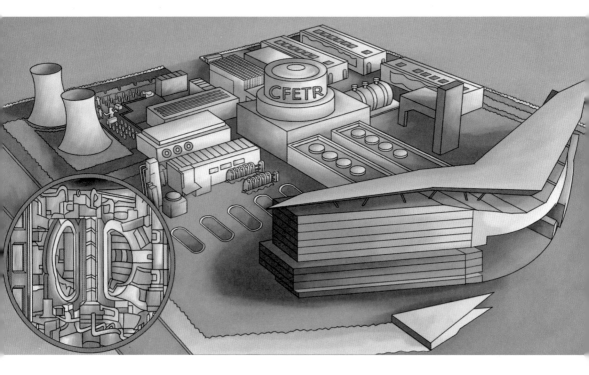

科 科: CFETR 这么厉害，那它什么时候可以建好呢？

爷 爷: CFETR 计划分三步走。第一阶段到 2021 年，
CFETR 开始立项建设；第二阶段到 2035 年，计
划建成聚变工程实验堆，开始大规模科学实验；
第三阶段到 2050 年，聚变工程实验堆实验成功，
建设聚变商业示范堆，创造人类终极能源。

阳 阳: 爷爷，您前面说 ITER 计划是全世界七个国家或
联盟共同参与的大型全超导托卡马克，为什么我
们国家又自己单独建设一个 CFETR 装置呢？

爷 爷: 我们国家决定建设 CFETR 有两方面的原因：一

是建设 CFETR 可以减少 ITER 建设延迟对我国核聚变研究进度的影响；二是可以在吸收消化 ITER 和国际磁约束聚变堆设计与技术的基础上大胆创新，完成 CFETR 和 ITER 的相互衔接和补充。此外，CFETR 项目也吸纳了美国、德国、法国、俄罗斯等国家进行合作。相信在不久的将来，我们国家将继续引领磁约束核聚变朝着更高的科学目标迈进，向核聚变能的和平开发利用目标更进一步。

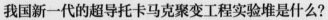

考考你

我国新一代的超导托卡马克聚变工程实验堆是什么？

A. EAST

B. CFETR

C. ITER

7

"种太阳"硕果累累：核聚变的发展与应用前景

又是一个深秋的夜晚，科科和阳阳坐在书桌旁边写作业，爷爷则在一旁悠闲地看着报纸，灯忽然一下子灭了，客厅陷入一片黑暗之中……正在大家翻箱倒柜地寻找蜡烛时，爷爷提议："孩子们，我们一起去外面看星星吧。"于是爷爷拿了个手电筒，带着科科和阳阳来到门口的草地上。整个城市一片黑暗，天上的星星一闪一闪，兄弟俩时而面面相觑，时而看着星星。爷爷笑着说："20 世纪末的时候，我们偶尔会经历停水停电的日子，那个时候，这些对人们的生活影响似乎不大，但现在哪怕短时间停电，也会造成很大的影响。也正因为这样，科学家们对能源的追求，一直是不遗余力的。"

1

取之不尽的
清洁能源

科　科：在很多科幻电影里，生活在外星球的人们都使用核能来生产电力、空气和其他能源。这真的可以实现吗？

爷　爷：当然！当今，世界上就有部分的电能来自核反应堆，像我们国家的秦山核电站、大亚湾核电站等都利用核能发电，不过，就目前而言，还只能通过核裂变的链式反应产生的能量来发电。

阳　阳：太神奇了，那核电站是怎样利用核能发电的呢？

科　科：当然是利用核反应堆了。

爷　爷：对，核裂变在核反应堆中释放出的热能可以用来发电，核能发电和火力发电非常相似，核反应堆相当于火力发电的锅炉，铀是世界上已知的最重的化学元素，它被用作核反应堆的燃料，就像火力发电中的煤一样。

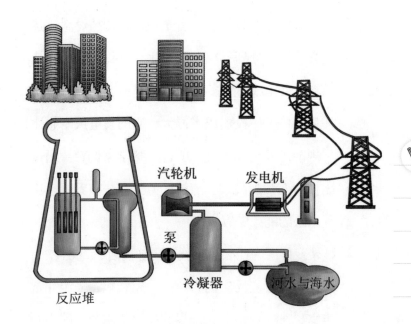

科　科：利用核能发电有哪些优点呢？

爷　爷：核能发电的优点有很多，比如，它不会像化石燃料那样排放大量的污染物，因此不会造成空气污染。核能发电过程中也没有碳排放，所以不会加重地球的温室效应。此外，核燃料的体积也比较小，运输和储存都很方便。

阳　阳：这么说来，核电站已经发展得很成熟了，为什么科学家还要继续探索新的核能技术？

爷　爷：与其他能源相比，核能发电确实是一种非常便捷、环保的新方式，但是目前正在运行的这些核电厂也存在着一些明显的缺点，比如，核电厂会产生具有放射性的废料，或者是使用过的核燃料，这些必须慎重处理；核电厂在生产过程中相比化石燃料厂会排放出更多的废热，对环境造成热污染；并且，核电厂投资成本很大，它的发电成本也比常规能源发电成本高。所以，科学家们希望通过比核裂变更加高效、清洁的方式——核聚变来实现未来的能源供应。

科　科：核聚变能源为什么比核裂变更加清洁、高效呢？

爷　爷：首先，核聚变反应的原料——氘和氚，来源非常丰富，可以说是取之不尽、用之不竭的，因为它们可以从全球海水中提取。另外，核聚变反应不会产生放射性废物，核聚变能源是一种十分清洁的能源。最后，核聚变能源还是一种十分安全、可靠的能源，只要去掉核聚变反应条件中的任何一项，反应就会彻底停止，不会像日本福岛核电站的核裂变反应堆发生过的那种因地震而停止运行后，核燃料还继续发热引起爆炸的问题。

考考你

未来最高效清洁的能源是什么？

A. 核裂变能源

B. 核聚变能源

C. 核衰变能源

2

光明璀璨的
商业未来

阳 阳：爷爷，我们什么时候才能用上核聚变产出的电能？

爷 爷：你这个问题从 20 世纪 50 年代可控核聚变原理提出以来，就有很多人在问了，几十年过去了，仍旧没有答案，根本原因还是控制核聚变反应太难了，既要将等离子体加热至几千万摄氏度甚至上亿摄氏度的高温，又要维持其稳定性，对科学家们来说，是非常严峻的挑战。即使目前我们已经取得了一些进步，但还是任重道远啊。

科 科：核聚变投入这么大，怎样才会获得收益呢？

爷 爷：正因为各国在核聚变研发上投入了大量的财力、物力、人力，所以核聚变商业化应用是未来核聚变发展的一大趋势。它的商业化需要经历六个阶段：原理性研究、规模实验、点火试验、反应堆工程实验、示范堆、商用堆。前面和你们介绍过的 ITER 计划，就是处于反应堆工程实验阶段。

科 科：ITER 会怎样实现它的商业化？

爷 爷：根据科学家们目前的计划，ITER 将于 2025 年底实现首次实验运行，产生第一束等离子体，然后在 2035 年开始聚变实验，最终于 2050 年前后实现核聚变能的商业应用。除此之外，参与 ITER 的各个国家也有自己的商业反应堆建成计划，基本上都是在 2050~2060 年建成反应堆。

阳　阳：那我们国家的计划是什么呢？

爷　爷：我们国家目前计划在 2021~2035 年，建设、运行聚变工程实验堆，开展稳态、高效、安全聚变堆科学研究；2035 年后，将发展聚变电站，探索聚变商用电站的工程技术的安全性与经济性。

阳　阳：太棒了，说不定再过几十年，我们就可以用上核聚变产出的电能了！

爷　爷：刚才和你们介绍了核聚变商业化的六个阶段，实际上我们国家也制定了符合我国国情的核聚变发展道路。未来十年，我们将重点在国内磁约束的两个主力装置（EAST、HL-2M）上开展高水平的实验研究。此外，在全面消化、吸收 ITER 计划设计及工程建设技术的基础上，我国会牵头开展 CFETR 的详细工程设计及必要的关键部件预研，最终向商业化的民用核聚变示范电站进军。

ITER 计划在什么时间实现商业化？

A. 2025 年前后

B. 2035 年前后

C. 2050 年前后

3

日新月异的科技队伍

阳　阳：科学家们太了不起了，用了几十年的时间来研究"人造太阳"，我长大以后，也要和科学家们一样，为全人类"种太阳"。

科　科：不只如此，我们还要从小学好物理学知识，这样才能种出一个很厉害的"太阳"。

爷　爷：孩子们，你们的理想非常好，我们国家开展可控核聚变研究也有将近 50 年的历史了，创业之路从无到有，再到迎头赶上、领先世界，涌现了一大批的杰出人才，他们每个人都无私地在自己的工作岗位上奉献，是值得我们学习的优秀榜样。

关键词

物理关键词

1. 能　量：能量是物质运动转换的量度，以多种不同形式存在。

2. 风　能：空气流动所产生的动能。

3. 潮汐能：海水周期性涨落运动中所具有的能量。

4. 生物质能：自然界中有生命的植物提供的能量。

5. 可再生能源：在自然界可以循环再生的能源。

6. 不可再生能源：在自然界中经过亿万年形成，短期内无法再生的能源。

7. 一次能源：在自然界中现成存在、没有经过加工或转换的能源。

8. 二次能源：由一次能源经过加工、转换的能源。

9. 核　能：通过核反应从原子核释放的能量。

10. 物　质：任何具有质量和体积的东西都是物质。

11. 分　子：物质中能够独立存在的相对稳定并保持该物质物理化学特性的最小单元。

12. 原　子：化学反应不可再分的基本微粒。

13. "葡萄干蛋糕模型"：科学家汤姆孙提出的原子结构模型。

14. "太阳系模型" / "行星模型"：科学家卢瑟福提出的原子结构模型。

15. "玻尔原子模型"：科学家玻尔提出的原子结构模型。

16. "电子云模型"：科学家薛定谔提出的原子结构模型。

17. 电　子：带负电的亚原子粒子。

18. 原子核：原子的核心部分，由质子和中子构成。

19. 质　子：带正电的亚原子粒子。

20. 中　子：组成原子核的核子之一。

21. 万有引力：指物体间的一种相互作用力。这个力的大小与两个物体的质量成正比，与它们之间的距离的平方成反比。

22. 电磁力：电荷在电磁场中所受的力。

23. 核　力：使核子组成原子核的作用力。

24. 原子质量单位：科学界规定碳-12原子质量的十二分之一为一个原子质量单位。

25. 核裂变：由重的原子核分裂成两个或多个质量较小的原子的一种核反应形式。

26. 核裂变链式反应：在一个核裂变反应中，如果生成能进一步引起周围其他核发生核反应的次级粒子（如中子）且数目多于一个，则这种核反应一经引发，可以引起一系列的核反应，这种反应方式称为核裂变链式反应。

27. 核聚变：轻原子核结合成较重原子核，并放出巨大能量。

28. 临界质量：维持核裂变链式反应所需的裂变材料质量。

29. 原子弹：利用核裂变原理制造的核武器。

30. 氢　弹：利用核聚变原理制造的核武器。

31. 氘：核聚变能的原料，氢的同位素之一，由一个质子、一个中子、一个电子组成。

32. 氚：核聚变能的原料，氢的同位素之一，由一个质子和两个中子组成。

33. 可控核聚变：有效控制核聚变反应，让能量持续稳定输出。

34. 劳森判据：维持核聚变反应堆中能量平衡的条件。

35. **磁约束**：用磁场来约束等离子体中带电粒子的运动。

36. **物质的第四态**：等离子体态，类似于气体，但是内部是带电的。

37. **磁 场**：传递实物间磁力作用的场。

38. **洛伦兹力**：运动电荷在磁场中所受到的力。

39. **磁感线**：人为地形象描绘磁场分布的一些曲线。

40. **真 空**：气体气压低于一个标准大气压的空间。

41. **马德堡半球实验**：证明真空存在的实验。

42. **导 热**：物体各部分之间不发生相对位移时，依靠分子、原子以及自由电子等微观粒子的热运动而产生的热能传递。

43. **热对流**：流体中质点发生相对位移而引起的热量传递过程。

44. **热辐射**：物体由于具有温度而辐射电磁波的现象。

45. **"人造太阳"**：代指核聚变反应装置。

46. **磁约束核聚变装置**：利用磁约束原理设计出来的核聚变装置。

47. **磁 镜**：中间弱、两端强的磁场形态的核聚变反应装置。

48. **仿星器**：由复杂、扭曲线圈产生强约束力环形磁场的核聚变反应装置。

49. **托卡马克**：利用磁约束来实现受控核聚变的环形容器。

50. **T-3 托卡马克**：由苏联科学家发明的世界上第一台托卡马克装置。

51. **对称托卡马克（ST）**：美国对仿星器型号 C 改装而来的托卡马克装置。

52. **定标律**：托卡马克装置越大，温度和约束时间的参数结果就越好。

53. **美国托卡马克聚变测试堆（TFTR）**：首个运行的新一代大型托卡马克装置。

54. **欧洲联合环（JET）**：世界上最大的托卡马克装置。

55. **D 形截面**：欧洲联合环的等离子体真空室的创新设计。

56. **能量增益因子**：能量增益因子 $Q=$ 核聚变输出功率 ÷ 核聚变输入功率。

57. **JT-60**：日本研发的核聚变反应装置。

58. **T-15**：苏联研发的超导磁系统托卡马克装置。

59. **超 导**：某些物质在一定温度，一般为较低温度条件下，电阻降为零的性质。

60. **超导托卡马克装置**：使用超导材料设计的托卡马克装置。

61. **国际热核聚变实验堆计划（ITER 计划）**：目前全球规模最大、影响最深远的国际科研合作项目之一，目标就是验证和平利用聚变能的科学和技术可行性。

62. **美国国家点火装置（NIF）**：美国研发的激光聚变反应装置。

63. **北京托卡马克 6 号（CT-6）**：我国第一台托卡马克装置。

64. **中国环流器一号（HL-1）**：1984 年建成的我国当时规模最大的托卡马克装置。

65. **HT-7**：我国第一台超导托卡马克装置。

66. **全超导托卡马克 EAST（东方超环）**：我国研发的领先世界的托卡马克装置，创造多项世界纪录。

67. **中国聚变工程实验堆（CFETR）**：我国正在建设的下一代超导聚变堆研究的重大项目，旨在实现聚变能源。

人物关键词

1. 道尔顿：英国科学家，提出了原子假设，并且证明了原子真实存在。

2. 汤姆孙：英国科学家，发现了原子中电子的存在，提出了"葡萄干蛋糕模型"的原子结构模型。

3. 卢瑟福：英国科学家，提出了"太阳系模型"的原子结构模型。

4. 玻　尔：丹麦科学家，提出了"玻尔原子模型"的原子结构模型。

5. 薛定谔：奥地利科学家，提出了"电子云模型"的原子结构模型。

6. 查德威克：英国科学家，证明了中子的存在。

7. 哈　恩：德国科学家，实现了核裂变链式反应。

8. 佩　林：法国科学家，临界质量研究的先驱者。

9. 劳　森：英国科学家，提出了劳森判据。

10. 萨哈罗夫：苏联科学家，首次提出托卡马克概念的苏联科学家之一。

11. 塔　姆：苏联科学家，首次提出托卡马克概念的苏联科学家之一。

12. 阿奇莫维奇：苏联科学家，世界上第一台托卡马克装置 T-3 的发明者之一。

13. 卡勒姆：英国科学家，协助苏联科学家确认了 T-3 托卡马克的电子温度超过 1000 万摄氏度。

14. H. 卡末林·昂内斯：荷兰科学家，发现了物体的超导性。

后　记

　　这是一本与众不同的科普图书，不是直接向读者灌输科学知识，而是通过"科学对话"这种类似剧本的写作方式，让更多对此领域完全不了解的"小白"，一步步跟随教授爷爷的引导，同热爱科学、喜欢探索的小哥俩一起体验探索的过程，感受不断质疑的科学精神，学会如何科学地提出问题、如何不断探索，直至最终大致了解当前最新的科学装置和最前沿的科学思想。只有静下心来才能慢慢体会这本科普书的真正价值。

　　掩卷而思，时间回溯到八年前，我所带领的科学传播课题组真正开始接触被媒体誉为"人造太阳"的托卡马克装置和磁约束核聚变新能源这一前沿领域，在一定程度上参与了中国科学技术大学核科学与技术学院万元熙院士、叶民友副院长等牵头组织的科技部重大专项课题"磁约束核聚变反应堆预研项目"。2013年以来，我课题组除了参与ITER科学家知识管理、科学传播与成果共享等管理课题之外，还推动了面向公众的科普研究与公众态度调查。2016~2018 年我指导的研究生朱玉洁、张露溪等都以核安全公众态度调研、核聚变科学传播作为其专业学位毕业论文选题。此外，张露溪还得到中国科学院科学传播局的科普作品经费专项支持，并于 2017~2018 年完成了以"聚变中的巨变"为题的系列科普视频作品，获得了科普界的好评。这些都是我课题组多年来的宝贵积累，得到了中国科学技术大学科学传播研究与发展中心郭传杰、汤书昆等领导、老师的全力支持和鼓励，该中心于 2019 年底获批升格为中国科学院科学传播研究中心，其核心任务就是面向中国科学院系统所有的研究所与大学机构进行科学传播的理论研究和实践策划。我课题组有幸成为研究中心重点支持的科普作品创作团队之一，在此借本书向关心帮助我们的领导、老师表示诚挚的谢意！

这本书的最终出版，一定程度上归功于中国科学院科学传播局的积极支持和大力推动，特别是科学传播局的周德进、徐雁龙等几位领导的理解和关心，这是本书能顺利按期付梓的强大推动力。

经调研，当前市面上涉及新能源、核电站（核裂变）、核聚变新能源的各类书籍不可胜数，但专门面向中小学生、以生动活泼的"科学对话"体例撰写的核聚变新能源科普书籍寥寥无几。在中国科学院科学传播局"科普出版"专项基金支持下，作为"科学文化工程公民科学素养系列"的科普图书之一，本书系统地整理总结了我课题组多年在核聚变新能源等相关领域的科学传播积累，带领一批科学传播专业硕士研究生组成了课题组，经过针对小学四年级到初中二年级读者的科普阅读兴趣调研，大胆创新，尝试运用类似科学话剧的剧本形式，借助"科学对话"的新体例循序渐进地介绍核聚变新能源以及托卡马克"人造太阳"等相关科学知识，同时也通过教授爷爷带领小哥俩探索科学的历程传达相应的科学精神和科学方法。

本书选题确定后，也得到了合肥物质科学研究院万宝年、王慧丽等老师的重视和关心。中国科学技术大学核科学与技术学院万元熙院士、叶民友副院长一直对我们课题组予以无微不至的关心和帮助，特别是叶民友副院长还曾参加我们课题组的大纲撰写讨论会，计划选派一两位核聚变领域的研究生参与讨论和撰写部分计划。本书后续撰写过程中，我课题组核心团队成员研究生陈思佳、方玉婵、赵静雅、黄晓宇作为研究骨干，定期召开研究组会，围绕我提出的整体创意和剧本式循序渐进的科学传播新模式，充分发挥了年轻人在科普创作上的青春活力，设计了有趣的人物角色——教授爷爷、哥哥科科和弟弟阳阳，从零开始，一步一步带领读者了解世界核聚变研究前沿进展。除此之外，本书还精挑细选了国内一流的科普绘本画家，来自天津的成士超先生团队绘制了精美插图。课题组把这本书当作科学传播专业硕士研究生的一个额外毕业设计作品精心打造。

　　在编撰整理资料的过程中，由褚建勋负责全书统筹，早期由张露溪、朱玉洁等部分研究生提供若干核聚变新能源视频的科普素材，后期本课题组的分工如下：科技传播与科技政策系研究生陈思佳、方玉婵负责联络组织插图绘制，赵静雅负责整理前三章部分资料，陈思佳负责统稿并整理第三章、第四章部分资料，黄晓宇负责梳理第五章部分资料，方玉婵负责整理最后两章的部分资料。没有大家的努力，就没有这本书的诞生，我谨在此表示诚挚的感谢！

　　作为科普图书，本书如有错漏或考证不全之处，还请各位读者批评指正。我们课题组也一定会不断完善，希望后续还能推出诸如《长大以后去南极》《长大以后登月球》《长大以后探火星》等系列科普书籍，让我们与可爱的小读者们一起共同成长！

褚建勋

2020 年初夏于中国科学技术大学